数学的故事

李 雪·编著

吉林文史出版社

图书在版编目（CIP）数据

数学的故事 / 李雪编著. —长春：吉林文史出版
社，2017.5
ISBN 978-7-5472-4186-8

Ⅰ.①数… Ⅱ.①李… Ⅲ.①数学—青少年读物
Ⅳ.①O1-49

中国版本图书馆CIP数据核字（2017）第107654号

数学的故事
Shuxue De Gushi

编　　著：李　雪
责任编辑：李相梅
责任校对：赵丹瑜
出版发行：吉林文史出版社（长春市人民大街4646号）
印　　刷：永清县晔盛亚胶印有限公司印刷
开　　本：720mm×1000mm　1/16
印　　张：12
字　　数：129千字
标准书号：ISBN 978-7-5472-4186-8
版　　次：2017年10月第1版
印　　次：2017年10月第1次
定　　价：35.80元

目录

CONTENTS

第一辑
睿智的数学家

当数学家导出方程式和公式，如同看到雕像、美丽的风景，听到优美的曲调等一样而得到充分的快乐。

——苏联哲学家　柯普宁

博学多才的祖冲之

　　说到祖冲之，大家一定会想到圆周率。求算圆周率的值是数学领域中一个非常重要且困难的研究课题，我国古代很多的数学家毕生都在致力于圆周率的计算，祖冲之也是其中之一。他是世界数学史上第一个将圆周率 π 的值计算到小数点后七位，即3.1415926到3.1415927之间。他还给出 π 的两个分数形式——约率22/7和密率355/113，即圆周率的祖先，他的研究结果直到16世纪才被德国数学家奥托和荷兰工程师安托尼兹重新计算得到，比欧洲国家整整早了1100年。

　　祖冲之是中国南北朝时期的南朝数学家、天文学家和物理学家。他精通音律，擅长下棋，还写了小说《述异记》。不过他最大的成就在于数学、天文历法和机械制造三个领域里。他是我国古代一位少有的博学多才的大人物。

　　祖冲之在数学领域的最主要的成就，可以用一项纪录来概括："入选世界纪录协会世界第一位将圆周率值计算到小数第7

位的科学家，创造了中国纪录协会世界之最。"他的这一纪录到了15世纪的时候才由阿拉伯的数学家卡西给打破。此外，他还跟自己的儿子祖暅共同解决了球体积的计算问题，创造了正确的球体积公式。

祖冲之在天文历法领域所取得的成就有：创制了《大明历》，区分了回归年和恒星年，首次把岁差引进历法，测得岁差为45年11月差一度，岁差的引入是中国历法史上的重大进步；采用了391年加144个闰月的新闰周，比以往历法采用的19年置7闰的闰周更加精密；首次精密测出交点月日数27.21223、回归年日数365.2428等数据，他曾用大明历推算了从元嘉十三年，即公元436年到大明三年，即公元459年，23年间发生的4次月食时间，结果与实际完全吻合；发明了用圭表测量冬至前后若干天的正午太阳影长来确定冬至时刻的方法；祖冲之通过长期的研究而得出木星每84年超辰一次的结论，即定木星公转周期为11.858年。此外，他计算出了精确的五星会合周期，其中水星和木星的会合周期与现代测算的数值非常接近。

祖冲之的著作也很多，《缀术》《九章算术注》《大明历》《驳戴法兴奏章》《安边论》《述异记》《易老庄义》《论语孝经释》等。不过大多数都已经失传，现在我们能找到的著作只有《上大明历表》《大明历》《驳戴法兴奏章》《开立圆术》等几篇。

人们为了纪念和表彰我国这位在科学领域具有卓越贡献的数学家，建议把密率355/113称为"祖率"，紫金山天文台把该台发现的一颗小行星命名为"祖冲之"，且在月球的背面也有一个以祖冲之名字命名的环形山。

自学成才的华罗庚

有一个中国人，他的名字是那么响亮，在国际理论科学界无数次被人提起，因为这个名字，使本是一片荒芜的中国理论科学界，突然呈现出了希望的曙光。

这个人一生发表了一百五十多篇学术论文，留下了多部巨著，《堆垒素数论》《指数和的估价及其在数论中的应用》《多复变函数论中的典型域的调和分析》《数论导引》《优选学》及《计划经济范围最优化的数学理论》等，有8部被列为20世纪数学的经典著作，被国外的出版社翻译出版。此外，他还创作科普作品《优选法平话及其补充》《统筹法平话及补充》等。

一个如此有才能的人，谁会想到，他是一个没有学位的完全靠自学成才的数学家！他就是我国赫赫有名的数学家华罗庚。华罗庚没有显赫的家世，没有优越的物质生活，有的只是不怕困难、刻苦学习的精神。

他与数学结下不解之缘，是因为中学课堂上发生的一件事。那堂数学课上，老师给同学们出了一道难题，这道难题在当时非常有名，题目是这样的：今有物不知其数，三三数之余二，五五数之余三，七七数之余二，问物几何？华罗庚听完题目，马上心算给出了答案。老师对华罗庚大加赞扬，他也因此获得了同学们赞许的目光。这对华罗庚来说是一种莫大的鼓舞，从此，他便喜欢上了数学。

可遗憾的是，初二的时候，他便因家庭极度贫困而辍学。但他并没有因此放弃对数学的学习，在家自学，完成了一篇题为《苏家驹之代数的五次方程式解法不能成立的理由》论文。他这篇论文的水平完全显示出了他在数学方面的才华，引起了清华大学数学系主任熊庆来教授的关注，他认为华罗庚已经具备担任大学教师的水平和资格。在他的牵线搭桥下，华罗庚被请去清华大学数学系做助理员，利用做助理员的有利条件搞学术研究，陆续在国外著名的数学杂志上发表论文。鉴于他的出色才华，清华大学破例将其提升为助教。这是一件多么令人震撼的事啊！华罗庚的数学才华也因此受到了社会各界，尤其是数学界的认可。

华罗庚是一个有着前瞻性的数学家。他经常深入工厂进行数学应用的普及工作，亲自带领中国科技大学的师生们到一些企业工厂推广和应用"双法"，即优选法和统筹法，同时还编写了科普读物《统筹方法平话及补充》和《优选法平话及其补充》为工农业生产所服务。

为了纪念和号召广大青少年朋友向华罗庚学习，1986年的时候，中国少年报社，现为中国少年儿童新闻出版总社、中国优选法统筹法与经济数学研究会、中央电视台青少中心等单位联合发起并主办了全国性的大型少年数学竞赛活动——"华罗庚金杯"少年数学邀请赛，教育广大青少年朋友从小就学习和弘扬华罗庚的爱国主义思想、刻苦学习的品质和热爱科学的精神，激发广大中小学生学习数学的兴趣、开发智力和普及数学科学。

"华罗庚的存在比任何一位大数学家的价值更卓越。"著名数学家劳埃尔·熊菲尔德是如此评价华罗庚的："他的研究范围之广，堪称世界上名列前茅的数学家之一。受到他直接影响的人也许比受历史上任何数学家直接影响的人都多。"

哥德巴赫猜想第一人——陈景润

数学是自然科学的皇后，人们将"哥德巴赫猜想"，即"任何一个大于2的偶数均可表示两个素数之和"，简称"1+1"，看成是皇后王冠上的明珠。想要摘取这颗明珠的数学家不胜枚举，然而每一个都是败兴而归。但是陈景润还是不知天高地厚地一头扎进去。经过十多年不知寒暑的潜心钻研，他竟然攻克了世界上最著名的数学难题"哥德巴赫猜想"中的1+2，于1965年5月发表《大偶数表示一个素数及一个不超过2个素数的乘积之和》的论文，创造了距摘取这颗数论皇冠上的明珠"1+1"只是一步之遥的辉煌！当这个消息在全世界流传开时，不少当时非常有名的数学家都为之震惊，觉得这是一个"奇迹"，大家也都不敢相信这个"奇迹"的创造者竟然是一个年仅32岁的中国人。英国数学家哈伯斯坦和德国数学家黎希特把陈景润的这篇论文编进了数学书中，将其命名为"陈氏定理"，他在国际数学上的领先地位至此奠定。

陈景润是福建福州人，于1953年厦门大学数学系毕业，毕业之后曾在北京四中任教，但是因为他口齿不清而被拒上讲台授课，只能在办公室里批改作业。这对一位老师来说，算是一个"奇耻大辱"吧。不过陈景润并不介怀！既然三尺讲台不适合，那就去资料室，专心搞数学研究。之后真的如他所愿，被以"停职回乡养病"的理由调回厦门大学任资料员。这对他来说是个很好的研究解析数论的机会，每天在资料室里跟书籍、资料打交道，他乐此不疲。

正是从做资料员的这段时间开始，他对组合数学与现代经济管理、科学实验、尖端技术、人类生活的密切关系等问题进行了深入的研究，毕生发表了研究论文共25篇，出版了《数学趣味谈》《组合数学》等著作。由于他在解析数论的研究领域取得了很多项重大成果，故获得了国家自然科学奖一等奖、何梁何利基金奖和华罗庚数学奖等多项奖励。

陈景润1956年的时候被调入中国科学院数学研究所工作。这对他来说又是一个难得的机会，从一个学校小小的图书资料室走到一个云集了全国名家高手的专门研究机构，真是眼界大开，且得到华罗庚教授的亲自教导，他先后写出了华林问题、圆内整点问题等多篇论文，将他不断地往解析数论的前沿推动。

机遇是很重要的，但是更重要的是陈景润一直在努力，时刻准备着。有人说陈景润之所以取得如此斐然的成就，跟他的"废寝忘食"和"心无旁骛"有关。民间流传着这样一则与他有关的趣闻：某天，陈景润在吃午饭的时候无意中摸了一下自己的头发，发现自己好久没理发了，头发实在是太长了，于是便去了理发店。在拿了一个38号的牌子等理发的时候，他突然想起自己上午学外语时有些生词不会，就趁着"等待"的空当去图书馆查资料。他以为自己在37号理完发之前能赶回来。谁知，陈景润在图书馆把生词弄懂之后在回理发店的路上路过阅览室，居然又进了阅览室看起书来。待他终于想起自己头发还没理时，太阳已经下山了，别说是38号了，83号都理完了。

作家徐迟在《哥德巴赫猜想》中这样描绘陈景润的内心世界："我知道我的病早已严重起来。我是病入膏肓了。细菌在吞噬我的肺腑内脏。我的心力已到了衰竭的地步。我的身体确实是支持不了啦！唯独我的脑细胞是异常的活跃，所以我的工作停不下来。我不能停止……"世界级的数学大师、美国学者安德烈·韦伊曾这样称赞这位临死之前脑细胞还在工作着的数学大师："陈景润先生做的每一项工作，都好像是在喜马拉雅山的山巅上行走。危险，但是一旦成功，必定影响世人。"

"科学之祖"泰勒斯

　　"金字塔到底有多高呢？"泰勒斯来到埃及，站在金字塔下，抬头望着雄伟壮观的金字塔时，并没有被它的气势所吸引，反而在脑中闪现出了这么一个疑问。

　　曾有人建议，爬到金字塔顶从上往下测量它的高度，这个方法原则上是行得通的，但是实际上却行不通，因为根本就没那么长的尺子。到底要用什么样的方法才能测量出它的高度呢？

　　泰勒斯在冥思苦想之时，无意中看到了自己随身携带的拐杖，顿时灵机一动，测量金字塔高度的方法其实也不难，只需要一根拐杖的帮助而已。

　　于是，泰勒斯来到一块远离金字塔的空地上，把拐杖垂直插在地面上，在阳光的照射下，拐杖长长的影子顿时出现在地面上。泰勒斯以拐杖的长度为高，以拐杖的影子为底在脑中勾勒出了一个直角三角形，并对这个三角形的高和底的长度进行了测量。

同样，泰勒斯把金字塔的高度看作从塔顶到地面的垂直距离，看作一个直角三角形的高，把金字塔的影子看作直角三角形的底边，测量拐杖影子的同时也对金字塔的影子长度进行了测量。

以拐杖长度为高度的直角三角形和以金字塔的高度为一直角边的三角形是相似三角形，根据相似三角形的性质，两三角形的长度之比和高度之比相等，列出一个等式便计算出了金字塔的高度。

仅用一根拐杖就测量出了金字塔的高度，这是泰勒斯生平的一个伟大创举，奠定了他在科学界的崇高地位。

泰勒斯是古希腊时期的思想家、科学家和哲学家，是希腊最早的哲学学派——米利都学派的创始人。泰勒斯有着"科学之祖"之称，是因为他无论是在天文学、数学还是哲学等方面都有着非常大的建树。他所提出的理论和定理对后世科学的发展奠定了一定的基础。

泰勒斯原本是一个商人，他做过很多行业的生意，盐油生意都曾做过，不过他对做生意似乎兴趣不大，他喜欢东想想、西想想，喜欢去研究、去探索，所以赚了一点儿钱就到处去游历，他去过不少东方国家，对古巴比伦观测日食、月食的知识非常感兴趣，苦心钻研之后，在一次机缘巧合之下通过预言日食制止了一场战争。

据《希波战争史》第一卷中记载，亚述的首都尼尼微被米底王国与两河流域下游的迦勒底人联合攻占了，领土被两国给瓜分了。但是米底并未满足，要继续向西扩张，但受到了吕底亚王国的顽强抵抗。两国足足交战了5年，在哈吕斯河一带激战了5年都没有分出胜负。

连年战争，受苦受累的最终还是老百姓。两国的老百姓受到此战争的影响，流离失所，哀鸿遍野，泰勒斯看到此情景，实在是不忍心继续看下去了，于是通过观测之后预言公元前585年5月28日有日食，那是上天反对这场战争的表现。两国国君和大臣并没有相信泰勒斯的话，当他是"胡言乱语"。可是当泰勒斯预言的那一天到来之时，两国的将士们正在战场上打得不可开交，天突然变黑，白昼顷刻间变成了黑夜，两国的国君和大臣闻此消息，当即决定停战交好，一场历时5年的战役，泰勒斯就这么轻易地平息了。

泰勒斯在数学方面的成就，主要包括发现直径平分圆周、三角形两等边对等角相等、两条直线相交对顶角相等、三角形两角及其夹边已知即可完全确定三角形、半圆所对的圆周角是直角等平面几何学定理，泰勒斯把它们整理成一般性的命题，并论证了这些命题的正确性。这些发现对泰勒斯来说简直是九牛一毛，他在数学方面做出的划时代的贡献是引入了命题证明的思想，保证了命题正确性的同时揭示各定理之间的内在联系，使数学构成了一个严密的体系，使数学命题具有更充分的说服力，为毕达哥拉斯创立理性的数学奠定了基础。

理论天才与实验天才合于一人的理想化身——阿基米德

"Givemeafulcrum，andIshallmovetheworld（给我一个支点，我可以撬起地球）！"说这句话的人是谁呢？那么狂妄。

此人是古希腊拥有"三家"头衔——哲学家、数学家和物理学家的阿基米德。

如果真有一个支点，阿基米德真的可以将地球撬起吗？理论上是可以的。但是据科学家计算，如果真具备阿基米德所说的条件，那么他真要撬起地球的话，必须使用88×1021英里长的杠杆才行！哪里有那么长的杠杆啊？理论归理论，实际是实际，目前显然是做不到的。

不过我们不得不承认，阿基米德对于机械原理的运用了解得非常透彻。国王替埃及托勒密王造了一艘大船，可是因为这个船实在是太重了，国王不知道如何才能将其放到海里。于是向阿基米德求解，聪明的阿基米德思考了片刻之后，巧妙地将各种机械组合在一起造出了一台新的器械，待阿基米德准备就绪之后，国王只要轻轻地一拉牵引机的绳子，大船将通过滑轮，在杠杆原理的帮助下被移到海面上。在场观看此画面的国王和大臣们，看得真是目瞪口呆，阿基米德实在是太聪明了，大家不得不对他竖起了大拇指。

可是阿基米德让人们完全记住他的，并不是他的"杠杆原理"，也不是他的头衔，而是有名的"金冠案"。

国王让金匠做了一顶新的纯金王冠。但多疑的国王怀疑金匠在金冠中掺假了。可是，做好的王冠无论从重量上、外形上都看不出什么问题。国王把这个难题交给了阿基米德。

阿基米德冥思苦想了一天又一天，始终想不出如何来解决国王的这个难题。

一天，阿基米德去澡堂洗澡，当他慢慢坐进澡堂时，水从盆边溢了出来，他望着溢出来的水，突然得到了启发，大叫一声："我明白了！"

回到家，阿基米德把金王冠放进一个装满水的缸中，一些水溢了出来。然后他把皇冠取了出来，把水装满，再将一块同王冠一样重的金子放进水里，也有一些水溢出来。他把两次溢出来的水加以比较，发现第一次溢出的水多于第二次。于是，他断定金冠中掺了银。他怎么肯定是掺了银而不是掺了其他的金属呢？当然，那也是他经过了一番试验最终得到的答案。

阿基米德智破金冠案的意义，远远不只于解答了国王的疑惑，查出金匠欺骗了国王，而是他从中发现了一条科学原理：物体在液体中减轻的重量，等于它所排出液体的重量。阿基米德原理就是这么来的。这个原理至今还在帮助人们测定船舶的载重量呢。

　　阿基米德出生在古希腊西西里岛东南端的叙拉古城，是一位天文学家和数学家的儿子。从小受到父亲的影响，他也很喜欢数学和天文学，还有物理学。在这几个领域也都做出了突出的贡献。作为数学家，他写出了《论球和圆柱》《圆的度量》《抛物线求积》《论螺线》《论锥体和球体》《沙的计算》等数学著作；作为天文学的爱好者，阿基米德认为地球是圆球状的且围绕着太阳旋转，这一观点比哥白尼的"日心地动说"要早1800年呢；作为物理学家，阿基米德确定了许多物体表面积和体积的计算方法，发现了杠杆原理和浮力定律，著有《论图形的平衡》《论浮体》《论杠杆》《原理》等力学著作。此外，阿基米德在年迈时还发明了多种武器来保卫自己的祖国。

　　据说，叙拉古和罗马发生战争之时，阿基米德已经老态龙钟了，但是看到罗马的军队包围了他所居住的城市，占领了海港，他第一时间站出来，制造了"石弩"抛石机，把大块的石头投向罗马军队的战舰，或者使用发射机把矛和石块一同射向罗马士兵；发明了大型起重机，把罗马的战舰吊得高高的然后甩向大海，使得罗马军队船毁人亡。阿基米德发明的武器太稀奇古怪了，罗马士兵们在被阿基米德的新奇武器挫败了几次之后都不敢再靠近他们的城墙了。

　　由于阿基米德在理论研究上毫不逊色，在实践操作上也具有大家风范，所以世人称其为"理论天才与实验天才合为一人的理想化身"。

数学史上的奇迹——伯努利家族

伯努利家族，堪称数学史上的一个奇迹，它创造了这样一个神话：一个家族，一代又一代共出11位数学家。

父子、兄弟同是科学家的并不少见，但是一个家族跨了几代，代代都有著名的科学家就非常之罕见了。瑞士的伯努利家族，3代人中产生了8位科学家，且至少有3位是出类拔萃的。而更为神奇的是，这个家族每一代的子孙当中至少有一半的人成为杰出人物，他们在数学、工程、法律、文学、艺术等方面都享有很高的名望，可谓声名显赫。

伯努利家族的11位数学家中，较为出色的有3人，雅科布·伯努利、约翰·伯努利和丹尼尔·伯努利。

雅科布于1654年12月27日出生于瑞士的巴塞尔，他起初遵循父亲的意愿去学了神学，可是很快他便发现自己根本对神学没半点兴趣，于是就弃了神学去学习自己喜欢的数学。兴趣爱好+天赋+刻苦钻研，雅科布在数学领域做出了一定的建树。如他对自然数方幂和提出了一种独特的计算方式，且提出了大数定律，是概率论真正的奠基人。

在1713年出版的雅科布的遗著《推测术》中，他提出了著名的大数定律，"一种描述当试验次数很大时所呈现的概率性质的定律"，简单来说，大数定律就是"当试验次数足够多时，事件发生的频率无穷接近于该事件发生的概率"，这奠定了概率论的理论基础。

雅科布也是第一个发现调和级数的发散性的，《关于无穷级数机器有限和的算术应用》这本他所写的书被认为是级数理论的第一部教科书。此外，他还研究许多特殊的曲线，发明和研究了"伯努利双纽线"。

雅科布的弟弟约翰·伯努利，父亲让其去经商，但是他婉言拒绝了。虽然他后来读的是医学，但是带着对数学的浓厚兴趣，他跟哥哥一起秘密地在数学领域里搞研究，最后走上了研究和发展微积分的道路，做了一名数学教授。

约翰是18世纪分析学的重要奠基者之一，他首先使用"变量"这个词，1698年他从解析的角度提出了函数的概念："由变量x和常数所构成的式子叫作x的函数"，除一般的代数函数外，他还引入了超越函数及某些用积分表达的函数，曾采用变量替换来求某些函数的积分。

微积分中的一个著名定理——洛比达定理，即用导数求一个分式的分子和分母都趋于零(或无穷大)时的极限，这个定理虽然是约翰的学生洛比达在1696年编写的微积分教材《无穷小分析》中提出的，但是这个定理实际上是约翰写信告诉洛比达的。

约翰的代表作是《积分学教程》，书中收集整理了约翰在微积分方面的各种研究成果，不仅包括各种不同积分方法的例子，还包括曲面的求积、曲线的求长和不同类型的微分方程的解法。这部著作的问世，推动了微积分的深入发展和普及。

丹尼尔·伯努利是约翰的二儿子，不知道是不是受到祖父的影响，他也曾被父亲叫去学经商，他不喜欢。父亲又建议他去学医，他不负所望取得了医学博士，不过这并不能掩盖他对数学的热忱，他在哥哥尼古拉·伯努利第二的教育教导下，慢慢迈进了数学研究的大门，于1724年在威尼斯发表了《数学练习》，引起学术界的关注，并被邀请到圣彼得堡科学院工作。同年，他用变量分离法解决了微分方程中的里卡提方程。之后，他积极拓展自己的研究领域，对数学和物理的研究更为深入，他最出色的研究就是将微积分、微分方程应用到物理学研究流体问题、物体振动和摆动问题，对此，人们推崇他为"数学物理方法"的奠基人。

丹尼尔被认为是伯努利家族最杰出的一位数学家，名声超过自己的父亲约翰·伯努利和祖父雅科布·伯努利，一是因为他的学术著作非常丰富，出版了超过80种关于数学和力学的著作，其中最为著名的是1738年出版的《流体动力学》；二是因为他的一生中获得了很多项荣誉称号。

伯努利家族成员祖祖辈辈都遗传到了家族的优良基因，且在良好的家庭环境的熏陶下，一个个都奔向数学或是其他科学领域，通过自身的刻苦钻研，取得了一项又一项对后世影响深远的研究成果，受到了世界人民的赞颂和敬仰。

魅力四射的希帕提娅

很多人都以为，世界上第一位女数学家是古希腊的希帕提娅。

希帕提娅似乎比较低调，我们至今仍未找到有关她的肖像图片，但是据跟她同时代的作家和艺术家的回忆，希帕提娅是一个举手投足间都散发一种迷人魅力的女人，大家都用一句话来形容她："具有女神雅典娜般的美貌。"不过对此，我们无从考究。除此之外，有关希帕提娅的史料记载似乎也不够详细，对于她在科学界所做的贡献，也都只是蜻蜓点水般的记录，可能这就是世人把世界上第一位女数学家误认为是索菲·柯瓦列夫斯卡娅的原因吧。

希帕提娅是古希腊的一名学者，在当时算是非常有名气了，是很受欢迎的女性哲学家、数学家、天文学家、占星学家。她的父亲席昂是一位数学家，是亚历山大博物馆的最后一位研究员，他不仅仅是希帕提娅慈祥的父亲，更是她的优秀导师。希帕提娅在父亲的执教之下，30岁就成为亚历山大城中柏拉图学派的领导者，主要讲授数学与哲学，不过她并不是在亚历山大博物馆中执教，而是在自己的家中进行讲学，她的学生有很多都是当时比较知名的人士。

希帕提娅曾参与了托勒密的《天文学大全》和欧几里得的《几何学原本》的修订工作，她还独自一人补注了代数之父丢番图的作品《代数》和阿波罗尼斯的作品《圆锥曲线》。而史料记载，她最著名的贡献是发明了天体观测仪及比重计。至于发明的时间和过程，我们并未找到有关的史料记载。

目前，我们能掌握的，有关希帕提娅比较详细的记载，就是爱德华·吉本的《罗马帝国衰亡史》里的记载了。这本书中对希帕提娅的生平和死亡是这样记载的："数学家席昂之女希帕提娅，受其父学说启蒙，她以渊博的评注，精准完备地阐释阿波罗尼奥斯与丢番图的理论；她也在雅典与亚历山大城公开讲授亚里士多德与柏拉图的哲学。这位谦逊的女子颜如春花初绽，又成熟智慧，她拒绝情人的求爱，全心教导自己的门徒。最荣耀、最显赫的大人物们，个个迫不及待地想要拜访这位女哲人。

希帕提娅，智慧与美貌并存的女性之死，被西方世界作为"文明消失"的象征而供奉。她死了之后，她所居住的城市亚历山大顿时魅力消散而不再能吸引世界各地的科学家前去交流和教学。可以说，希帕提娅生时，为亚历山大城的社会发展和进步做出了极为伟大的贡献。

荣获"双世界历史第一"的索菲

索菲·柯瓦列夫斯卡娅于1850年1月15日生于莫斯科。她天生就有一股钻研数学的劲儿，8岁的时候被家庭教师发现其有这方面的天赋而加以引导，慢慢将其引入数学王国。不过可惜的是，当时很多地方的学校都不收女学生，只有西欧的少数大学招收。生于贵族之家的索菲，不仅受到各大学不收女学生的限制，还受到家族里不许女子出国读书等家规的限制，这对索菲来说是一个很大的打击，她不想自己的天分因此而被埋没，更不想自己的一生碌碌无为，为此，她想到了一个办法，那就是"假结婚"。

索菲于1868年9月，和莫斯科大学古生物系的毕业生——弗拉基米尔·柯瓦利夫斯基，一个跟她有着共同愿望的男子结成了形式上的"夫妻"，然后跟随他到德国留学，算是正式开始了她的漫漫求学路和科学钻研路。

尽管索菲是贵族的后代，尽管她有着很高的数学天赋，尽管她在1870年8月的柏林大学入学考试中成绩优异，但是柏林大学还是拒绝录取她，原因还是一样，她是个女性，她所处的时代是个歧视妇女的时代，柏林大学向来都不录取女学生，不会因为任何原因，如她的贵族身份和数学天赋而改变。不过她算是幸运的，柏林大学的魏尔斯特拉斯教授看中她的数学天赋而决定收她做"关门弟子"，即在自己家里对她进行单独教授。

在魏尔斯特拉斯教授的指导下，4年的时间里，年仅23岁的她完成了3篇重要的数学论文，使她当之无愧地拿下了"数学家"的头衔。在1874年的时候，德国数学中心哥廷根大学授予她"最高荣誉的数学博士"，使她成为世界历史上第一位数学学科的女博士。

而让索菲声名在外的并不是这个"女博士"的头衔，而是对一个世界性的难题的圆满攻克。

1886年索菲出席哥本哈根国际科学家代表大会时，被一百多年来悬而未解的"数学水妖"难题所吸引，在此后的很长一段时间，索菲都沉浸在对这个难题的攻克之中。

"数学水妖"指的是理论力学范畴中的物体绕定点转动的问题，这个问题需要用数学的方法去求解。这个问题之所以被称为"数学水妖"，是因为众数学家都觉得它很难捉摸，多年来一直没人能够将其拿下。

1888年，索菲向法国科学院递交了一篇论文，该论文无论从理论上还是在方法上都堪称一流，高水准，得到了评委会成员的一致好评。因为她成功解决了"数学水妖"的难题，震惊了整个欧洲科学界，这是她人生的一次高峰，下一次高峰是她获得又一个"世界历史第一"的荣誉。

　　"数学水妖"问题的解决，使索菲头顶上的光环熠熠闪亮，世界各国的很多科学家都对她仰慕不已，一批知名的学者还自愿为她争取"科学院院士"的称号。在契比雪夫等一批学者的努力下，1889年11月，俄国科学院物理学部正式授予索菲·柯瓦列夫斯卡娅为通讯院士，成为世界历史上第一个获得科学院院士的女科学家。

　　在法国科学院为成功解决"数学水妖"问题的索菲举行的授奖仪式上，法国科学院的院长皮埃尔·杨森是这样评价索菲的："当今最辉煌、最难得的荣誉桂冠，有一顶将落到一位妇女的头上。本科学院的成员们发现，她的工作不仅证明她拥有渊博的科学知识，而且显示了她的非凡才智。"

数学王子高斯

在哥廷根大学里，有一个底座为17边形棱柱的纪念像，是专门为"数学王子"高斯而建的。

为什么建成17边形棱柱的底座呢？因为高斯在19岁的时候就发现了正17边形的尺规作图法，并给出了可用尺规做出正多边形的条件，为流传了2000年的欧氏几何提供了自古希腊时代以来的第一次重要补充，解决了从被称为"几何之父"的古希腊数学家欧几里得以来一直都悬而未决的问题。

出生于不伦瑞克的卡尔·弗里德里希·高斯，是德国的数学家、物理学家、天文学家以及大地测量学家，是近代数学的奠基者之一，他在世界历史上的影响很深远，尤其是在科学领域，与阿基米德、牛顿和欧拉并列，并有"数学王子"之称。

高斯在发现正17边形的尺规做法之前，就发现了质数分布定理和最小二乘法，当时他只有18岁。之后他专注于曲面与曲线的计算，并成功发现了高斯钟形曲线，其对应的函数被命名为标准正态分布或高斯分布，在概率计算中被广泛应用。

让高斯名扬天下的不是发现了最小二乘法和正17边形的尺规做法，而是发现了谷神星的运行轨迹。

1801年，意大利的天文学家皮亚齐发现了谷神星，但是因为身体抱恙而未能及时观测，与这颗小行星的运行轨迹失之交臂。于是他把自己观测到的谷神星的位置发表出来，号召全世界的天文学家与他一起寻找谷神星的运行轨迹。高斯对此很感兴趣，连续进行了三次观测之后，在自己发现的最小二乘法基础上的测量平差理论的帮助下，计算出了谷神星的运行轨迹。高斯的著作《天体运动论》中记录了他计算谷神星运行轨迹的方法，总结了复数的应用，并且严格证明了每一个n阶的代数方程必有n个实数或者复数解。奥地利天文学家海因里希·欧伯斯通过高斯的计算结果成功找到了这颗小行星，高斯的名号这才在世界各国流传开来。

1818年，高斯在天文台工作时领导了汉诺威公国的大地测量工作，用他发明的最小二乘法为基础的测量平方差的方法和求解线性方程组的方法来测量，大大提高了测量的精度。为了做好这份工作，高斯发明了可以将光束反射至大约450千米外的地方的日光反射仪。

19世纪30年代的时候，高斯发明了磁强计，接着辞去了天文台的工作开始了物理研究。当时他与比自己小27岁的格丁根大学的物理教授韦伯合作，共同在电磁学领域进行研究。在1832年的时候，高斯在韦伯的协助下提出了磁学量的绝对单位，次年他们发明了第一台有线电报机，尽管这台电报机的线路才8千米长。1840年他和韦伯画出了世界第一张地球磁场图，定出了地球磁南极和磁北极的位置。

　　高斯除了在天文学和物理学上具有突出的成就之外，在水工学、电动学、磁学和光学等方面也有杰出的贡献。而其在数学方面的成就更是引人注目，高斯24岁时出版了《算学研究》，这本书除了第七章介绍代数的基本定理外，其余都是数论，这可以算是数论第一本有系统的著作。这本书中，高斯第一次介绍了"同余"的概念和"二次互逆定理"。

　　爱因斯坦是这样评价高斯的："高斯对于近代物理学的发展，尤其是对于相对论的数学基础所做的贡献，其重要性是超越一切，无与伦比的。"

命运多舛的欧拉

欧拉的名字，相信大家都不陌生吧？因为许多数学分支中的重要常数、公式和定理都是以他的名字命名。因为他对数学的研究甚为广泛，是18世纪数学界最杰出的人物之一，也是数学史上最多产的数学家之一。据史料记载："欧拉一生共创作了886本书籍和论文，其中分析、代数、数论占40%，几何占18%，物理和力学占28%，天文学占11%，弹道学、航海学、建筑学等占3%，彼得堡科学院为了整理他的著作，足足忙碌了47年。"欧拉平均每年能写出800多页的论文，此外还编写了大量有关力学、分析学、几何学、变分法的课本，《无穷小分析引论》《微分学原理》《积分学原理》等著作都成为数学的经典著作。

欧拉生于牧师家庭，从小就特别钟情于数学，对数学知识的追求如痴如醉。当然，他也具有一定的数学天赋，不然也不会在13岁那年就考入了巴塞尔大学，得到了当时最有名的数学家约翰·伯努利的青睐，让其做他的助手，跟他一起在数学领域里进行研究。不管是13岁考入巴塞尔大学，还是做了约翰·伯努利的助手，这在当时的科学界来说都是一个奇迹，欧拉是整个瑞士大学校园里年龄最小的学生。

不过，别看欧拉那时年纪小，但是他具有渊博的知识和无穷无尽的创作精力，以至于写出了空前丰富的著作，科学界的专家学者们无不为之震惊。他19岁开始发表第一篇论文，到76岁发表最后一篇，57年的时间里，他写出了一沓又一沓的书籍和论文，从初等几何的欧拉线、多面体的欧拉定理、立体解析几何的欧拉变换公式、四次方程的欧拉解法到数论中的欧拉函数、微分方程的欧拉方程、级数论的欧拉常数，变分学的欧拉方程，复变函数的欧拉公式，等等。他对数学研究的独到见解和解析方法，令一个又一个时代的科学家惊叹。欧拉的《无穷分析引论》一书是他所有著作中最具时代特色的一本专著，因这本书的问世，数学家们称他为"分析学的化身"。

欧拉是一个坚韧不拔的人，在任何不良的环境下都能潜心研究和创作，哪怕是失明了，也没有停止对数学的研究。

1735年，欧拉计算出了彗星的轨道，好几位著名的数学家经过好几个月的努力都没有解决，而欧拉用自己发明的方法，仅3天时间就把这个天文学的难题给解决了。原本是他应该收获掌声的时刻，没想到他却因为工作劳累过度得了眼病，导致右眼失明了，当时欧拉才28岁。

欧拉乐观地看待自己右眼失明的事实，继续经营着他的数学事业，去柏林担任科学院物理数学所所长，后来在沙皇喀德林二世的诚意邀请下回到了彼得堡。可是他的左眼的视力也开始衰退了，且身体也经受不住长期的劳累而开始抗议，他的生活开始发生了翻天覆地的变化。不幸的事还不止如此，1771年彼得堡的一场火灾波及了欧拉的住宅，失明且生着病的欧拉被人从火海中救出，那场火灾把欧拉的书房给烧毁了，里面存放的大量研究成果的记录全部化为灰烬。

很多同时期的数学家在对欧拉失去的那些研究成果表示惋惜的时候，欧拉已经从悲痛中走出，利用其惊人的记忆力将其失去的成果重新回忆整理出来。失明之后，他依然没有放弃数学研究，凭着记忆和心算来开展研究，然后口述内容让自己的学生或是儿子记录。他就这么坚持了17年，在黑暗中摸索着进行数学研究17年。

欧拉留给世人的宝贵知识，包含着血和泪，是用他数十年如一日的艰辛和困苦换来的。欧拉孜孜不倦的钻研精神，以及他在病痛的面前、在各种大灾大难面前表现出来的坦然和镇定的精神，都值得我们每一位青少年朋友学习。

科学巨人维纳

　　维纳1894年11月26日生于密苏里州的哥伦比亚，他的父亲天生就是一位学者，有人是这么评价维纳的父亲："集德国人的思想、犹太人的智慧和美国人的精神于一身。"维纳视自己的父亲为偶像，他从小就想象父亲一样出类拔萃，他渴望长大了当一名博物学家，小小年纪的他就已经立志长大要献身于科学了。

　　维纳天生就是一个神童，他的父亲很早就发现了维纳具有过人的智慧和聪明才智，于是对维纳严加管教，立志要培养他成才，绝不辜负他的天赋。父亲对他采取了一系列无情的教育方式。在父亲的鞭策教育之下，维纳在其他孩子还在父母的怀里撒娇要买玩具的时候，就已经开始读书了。生物学和天文学的初级科学读物他在3岁半的时候就开始接触了。7岁的时候，他便开始深入地探究物理学和生物学领域的知识，据史料记载，维纳"从达尔文的进化论、金斯利的《自然史》到夏尔科、雅内的精神病学著作，从儒勒·凡尔纳的科学幻想小说到18、19世纪的文学名著等，几乎无所不读"，大量的阅读使他成为同龄孩子中的佼佼者，很多学校都难以安排这样一个有着不寻常智力的孩子就读。直到他9岁的时候，他才以一名特殊学生的身份进了艾尔中学，不到3年时间就读完所有中学课程，之后他到塔夫茨学院数学系就读，并在父亲的安排下转到康奈尔大学学哲学，可是不到一年的时间又去哈佛研读数理逻辑，18岁维纳获得了哈佛大学的哲学博士学位。短短的几年时间，维纳就学了几个学科，为他进行跨学科的研究和开发奠定了一定的基础。

父亲在维纳的成才过程中起到很大的作用，父亲是他的第一位老师。不过父亲的知识面毕竟有限，很快维纳就把父亲身上所有的知识都汲取了。除了父亲之外，维纳在数学领域还有一些良师益友，如罗素、哈代和希尔伯特等著名的数学家。维纳在他们的指导下开始接触和研究逻辑和数学。其中，维纳与罗素的关系亦师亦友，维纳从罗素身上学到了很多有关数理逻辑的科学和数学哲学。罗素给维纳提出了一个很大的规划建议，他建议维纳去钻研一些数学知识，因为一个专攻数理逻辑和数学哲学的人如果能再精通数学的话，那势必会对他今后的研究之路有帮助。

维纳接受了罗素的建议选读了很多数学课程，在维纳称之为"理想的导师和榜样"的导师哈代的指导下开始徜徉于浩瀚的数学海洋。1918年的时候，维纳无意中研读了一位病逝的数学博士格林的数学遗作，他开始对现代数学有了兴趣，于是，他这才开始全心全意地在数学领域做科研。

有人对维纳一生的重要成果进行了归纳总结，主要表现在6个方面：在1923年的时候，维纳用函数空间的点来表示做布朗运动的粒子的路径，运用勒贝格积分计算了这些路径上函数的平均值，并于两年后第一次将"随机函数"定义；在1920年时，维纳将法国数学家弗雷歇关于极限和微分的广义理论推广到矢量空间，并给出了一个完整的公理集合；1923年到1925年，维纳对位势理论的许多概念进行了阐述；1930年前后，维纳与天文学家霍普夫合作共同研究一类给定在半无穷区间上的带差核的奇异积分方程，即维纳–霍普夫方程；在第二次世界大战期间，维纳给出了从时间序列的过去数据推知未来的维纳滤波公式，建立了在最少均方误差准则下将时间序列外推进预测的维纳滤波理论，很好地解决了防空火力控制和雷达噪声滤波问题；维纳从带直流电流或者至少可看作直流电流的电路出发研究信息论，将统计方法引入通信工程，奠定了信息论的理论基础；维纳还创立了一门以数学为纽带，把研究自动调节、通信工程、计算机和计算技术以及生物科学中的神经生理学和病理学等学科共同关心的问题联系起来而形成的边缘学科——控制论。

维纳在科学领域中刻苦钻研了50年，他先后涉足了哲学、数学、物理学和工程学，最后他还转向了生物学，不管是哪个领域，他都做出了巨大的贡献，一生共发表了240多篇论文，出版了14本著作，其中最为著名的是《控制论》《维纳选集》和《维纳数学论文集》，被世人称为"21世纪多才多艺和学识渊博的科学巨人"。

"抽象代数之母" 埃米·诺特

　　埃米·诺特是20世纪初一个才华横溢的数学家，她生于一个富足的犹太人家族，她的父亲是埃尔朗根大学的数学教授，在代数几何学方面有很深的造诣。因为父亲身体一直不好，长期在家休养，所以他常常让同事到家里来探讨数学问题。诺特长期生活在父亲和同事对数学问题的辩论氛围中，渐渐对数学产生了兴趣。

　　诺特长大后很想进入大学系统地学习数学知识。可惜，当时的德国是全欧洲最晚允许女孩子进入大学学习的国家，诺特和父母花了两年时间想尽了各种办法才得到埃尔朗根大学旁听的机会。当诺特好不容易得到机会参加大学的入学考试并如愿以偿考取之后，这才有机会听到当时闻名于世界的大数学家克莱因和希尔伯特的演讲，这些开拓了她的视野，坚定了她将其一生奉献给数学的信心。

　　诺特真正走上数学研究探索的道路，是因数学家哥尔丹。哥尔丹主要是研究代数学和几何学中的热门问题之一——不变量，他看到诺特如此聪颖和好学，便悉心地教导和点拨她，让她参与自己对不变量的研究。短短两年的时间，诺特就研究透彻一类非常重要的不变量的体系结构，并以"三元双二次不变量的完全系"为题完成了自己的博士论文而获得了博士学位。之后，她承接父亲的事业开始了职业数学教育生涯。

诺特在教学生涯中，培养了一批世界知名的代数学家，她于1932年的时候与自己的学生艾密·阿廷因对数学知识的推动作用而一同获得了阿尔弗雷德·阿克曼–陶博纳纪念奖。

著名的数学家希尔伯特和克莱因看到诺特的博士论文之后开始关注她，且知道了她在执教的数年里又做出了一些研究成果，故推荐她到格丁根大学执教。但因为她是一名有着犹太血统的女性，在性别和种族上受到了歧视，她的学术地位始终得不到肯定，她最终没能以教师的身份站在格丁根大学的讲台上。这并没能阻止诺特继续献身数学研究，她换了个身份——以希尔伯特助手的身份开设了数学物理和代数学方面的讲座。这期间，她先用算术化和公理化两大工具刻画抽象代数学，接着将理想理论推广到一般理想论，使这门理论也获得了规范的公理基础。她也因此被称为有史以来最伟大的女数学家。

她又对集合代数及其表示理论进行了研究，弄清了它的结构，将其应用于通常的交换代数的研究之中。在这之后的十几年，她共发表了40多篇学术论文，使抽象代数学正式成为一门独立的现代数学分支。她也因此被称为"抽象代数之母"。但这些都没能使她声名大振，她在国际数学领域受到赞誉是因为她成立了一个代数学研究小组，小组成员来自世界各地，该小组做出了很多突出的成就，使格丁根成为世界代数学的研究中心。她也因此受邀参加1932年的国际数学家大会。至此，她在世界数学界的声名达到了她这一生的最高峰。

诺特的一生，对数学和理论物理做出了非常重要的贡献。她的主要论著有《关于分交换域上的模》《环的理想论》《代数数域及代数函数域的理想理论的抽象结构》《超复数及其表示》等。著名的数学家赫尔曼·外尔在诺特逝世后对她做出如此评价："她是一位伟大的数学家，也是历史上曾经产生过的最伟大的女性之一。"

曾染指过政治的数学家拉普拉斯

拉普拉斯曾做过拿破仑的老师，他们两人之间的关系非常微妙。尽管拿破仑欣赏他，但还是把他当小人物看待，他对此并不介意，反而充分利用自己跟拿破仑的关系攀附权贵，在法国大革命、君主政体复辟等动乱期间扶摇直上，成了法国科学院领导人物之一，甚至曾于1803年担任了内政部长。

尽管他曾染指政治，尽管他与具有传奇色彩的拿破仑有着不同寻常的亦师亦友的关系，但这些对他在数学和天文学领域搞研究没半点影响。

拉普拉斯，皮埃尔·西蒙侯爵，是法国数学家和天文学家，他在科学上的造诣和贡献仅次于艾萨克·牛顿而位居第二。

为什么会拿他跟牛顿比呢？牛顿对这么一个问题束手无策：单独一颗行星按照开普勒定律绕太阳运动时，它能在一个完美的椭圆轨道上永远地运动下去。但如果有两颗或更多行星绕太阳运动，那么附加的引力影响会打破平衡，最终会把行星推离它们的轨道。不过这样的现象却从未发生过，牛顿无法解释为什么。而拉普拉斯却给出了这样的解释：这些行星对自我的运行轨道是可以自行纠正的。因为这事，人们总是拿他跟牛顿比。两人心中默默形成了一股无形的竞争力。在牛顿进行天文学计算发明微积分的时候，拉普拉斯也在天文学研究中发明了一种新的数学方法。

有竞争才有动力。拉普拉斯的一生都在与牛顿较量，正是在这种较量的推动之下，他对科学界做出了巨大的贡献。

拉普拉斯用数学方法证明了"行星的轨道大小只有周期性变化"，这就是闻名于世的"拉普拉斯定理"；拉普拉斯第一次提出了"天体力学"这个学科名是在自己的杰作《天体力学》中，这本书是经典天体力学的代表作；拉普拉斯还有一部名垂千古的杰作，在这部作品中，他提出了第一个科学的太阳系起源理论——星云说；拉普拉斯还和法国著名的化学家拉瓦锡测定了许多物质的比热，证明了"将一种化合物分解为其组成元素所需的热量就等于这些元素形成该化合物时所放出的热量"，这是继布拉克关于潜热的研究工作之后向能量守恒定律迈进的又一个里程碑……

拉普拉斯对概率论的研究非常透彻，他写了一本700万字的巨著《概率的分析理论》，将随机变量、数字特征、特征函数、拉普拉斯变换和拉普拉斯中心极限定律等引进或是改进，其中拉普拉斯变换促使了后来海维塞德发现运算微积在电工理论中的应用。

很多科学理论都是从假设开始的。拉普拉斯在1814年的时候提出了一个科学假设：假定有一个智能生物能确定从最大天体到最轻原子的运动的现时状态，就能按照力学规律推算出整个宇宙的过去状态和未来状态。人们把拉普拉斯假定的这个智能生物称为"拉普拉斯妖"。

拉普拉斯也被认为是最早考虑到宇宙中可能存在黑洞的人之一。因为他早在1796年的时候就曾预言："一个密度如地球而直径为250个太阳的发光恒星，由于其引力的作用，将不允许任何光线离开它。由于这个原因，宇宙中最大的发光天体却不会被我们看见。"

此外，拉普拉斯还列出了一个古怪的关于太阳升起的概率的方程。

虽然拉普拉斯有生之年未能对自己的假设和预言做出实证，但是相信随着科学技术的发展，会有学者对那些假设和预言做出最终的判断和定论。

有人是这么评价拉普拉斯的："拉普拉斯这一生中主要的兴趣有三个，一个是天体力学，一个是概率论，还有一个就是从政。三者看似风马牛不相及，但是他在三者间游刃有余，每一方面他都创作出了惊人的辉煌成绩。"

"代数学之父" 韦达

　　韦达，16世纪最有影响的数学家之一，生于法国普瓦图。虽然他曾做过律师，从过政，也当过议员，经历算是非常丰富了，但是这些并没有给他带来满足感和成就感，只有当跨进数学领域，孜孜不倦地进行数学研究，做出一系列的成果之后，他才明显地感觉到，自己的这一生并没有白活。

　　韦达初涉数学领域，完全是出于简单的爱好，他刚开始的时候并没有想到自己会在这个领域做出什么巨大的贡献，只是单纯地喜欢数学，喜欢搞数学研究。没想到就是这份单纯的热爱，促使他完成了代数和三角学方面的巨著，在欧洲被尊称为"代数学之父"。

　　韦达是第一个用字母来表示已知数、未知数和乘幂等的人，是他把这个方法带入数学解题之中的。他还在讨论方程根的各种有理变换时发现了一元二次方程根与系数关系，并将其形成理论，该理论被人们命名为"韦达定理"。

韦达一生所做的研究，其成果都被高度浓缩在了他出版的多本著作中。

《应用于三角形的数学定律》是韦达最早的数学专著之一，也是早期系统地论述平面和球面三角学的著作之一。他在一篇有关"截角术"的论文中初步讨论了正弦、余弦、正切弦的一般公式，首次把代数变换运用到了三角学中，同时他亦考虑到了含有倍角的方程，具体给出了将cos(nx)表示成cos(x)的函数并给出当n≤11等于任意正整数的倍角表达式。

韦达在其《分析方法入门》一书中用"分析"一词来概括代数的内容和方法，书中的第1章应用了两种希腊文献：帕波斯的《数学文集》第7篇和丢番图著作中的解题步骤，他将两者有机地结合起来，他认为代数是一种由已知结果求条件的逻辑分析技巧，这本书是最早的符号代数的专著，他创立了一般的符号代数，引入了字母来表示量，用辅音字母表示已知量，用元音字母表示未知量等，并将用符号来表示量的运算称为"类的运算"，以区别于用数字来表示量的运算。韦达将类的运算和数的运算区别开来时就已经算是规定了代数和算术的分界点了。韦达因此研究成果而获得"代数学之父"之称。

1593年的时候，韦达出版的代数学专著《分析五篇》，说明了怎样用直尺和圆规做出导致某些二次方程的几何问题的解。当年他还出版了《几何补篇》，讲解了尺规作图问题所涉及的一些代数方程知识。

韦达在方程论方面也做出了突出的贡献，主要在他的《论方程的整理和修正》一书中有记载，有关二次、三次和四次方程的解法，他也在这本书中有所阐明。

　　韦达在数学界还做出了一个非常突出的贡献，那就是最早明确给出有关圆周率 π 值的无穷运算式，通过393416个边的多边形计算出圆周率，然后精确到小数点后9位。这一项研究成果在相当长的一段时间里处于世界的领先地位。此外，他创作了一套十进制分数的表示法，推动了记数法的改革。

"解析几何之父" 笛卡儿

献身于军事事业的笛卡儿，在没有战事的军营中，常常无聊得望着天花板发呆。

天花板上有一只小小的寂寞的蜘蛛，每天都忙忙碌碌的，从东爬到西，从南爬到北，不停地吐丝，不停地结网。笛卡儿就想，这只蜘蛛要完成一张网，到底要走多少路？为了解答自己的疑惑，笛卡儿想了个办法来计算，就是把这只蜘蛛看成是一个点，这个点距离墙角有多远？距离墙的两边又有多远呢？他想着想着，就睡着了。当他再醒来时茅塞顿开，脑子里呈现出了一种新的思路：在互相垂直的两条直线下，一个点可以用到这两条直线的距离，也就是两个数来表示，那么这个点的位置就被确定了。笛卡儿的这个想法其实就是用数形结合的方式架起了沟通代数与几何的桥梁，也是解析几何学诞生的前兆。之后众多的数学家沿着笛卡儿的这个思路，建立起了解析几何学。

笛卡儿1596年3月生于一个贵族之家，父亲不仅是布列塔尼地方议会的议员，也是地方法院的法官，优越的家庭生活使他童年过得很惬意。8岁时父亲就送他去教会学校接受古典教育，希望他将来能成为神学家。因为他身体不好，学校特许他可以在床上读书，早上的时候不必到学校上课。这给他创造了很好的读书环境，一个人静静地读书，静静地思考。这为他后来钻研数学积累了丰富的知识基础。

笛卡儿真正开始献身数学领域，是由于在游历的过程中经历了一些事。有一次，笛卡儿在某城市的街道上散步，无意中看到布告栏上有一则数学题悬赏的启事。笛卡儿好奇地看了一下那道数学题，直觉告诉他那道题应该不太难。他用了2天时间就把那道题给解出来了。这个消息传开之后，著名的学者伊萨克·皮克曼对他产生了好奇，于是跟他联系，给他许多数学领域里有待研究的课题，让他试试看能不能解答出来。皮克曼的出现，使笛卡儿发现其实自己在数学方面有着一定的天分，加之自己又有着丰富的阅历，去探索未知的数学世界应该不在话下。

在皮克曼的指导和帮助下，笛卡儿慢慢进入了数学研究领域，他对现已发现和证明的数学定理和数学知识兴趣不是非常大，他毕生都在科学的海洋里寻找一种类似于数学的具有普遍使用性的方法，这种方法可以说是建立在数学基础之上的，但是又不完全依赖于数学而发展。这种方法，跟我们所熟知的"哲学"的思想和观点不谋而合。故他被称为"西方近代资产阶级哲学奠基人之一"。

笛卡儿在游历很多国家之后感觉身心很疲惫，便在荷兰定居，他在哲学、数学、天文学、物理学、化学和生理学等领域的研究成果基本上是在荷兰完成的。二十多年的时间里，他的主要作品有：1628年写的《指导哲理之原则》；1634年完成的以哥白尼学说为基础的《论世界》，这本书中，他总结了自己在哲学、数学和许多自然科学问题上的一些看法，这些看法在当时引起了一定的轰动；1637年，他用法文完成《折光学》《气象学》和《几何学》等三篇论文，还写了一篇题为《科学中正确运用理性和追求真理的方法论》的序言，哲学史上将此序言简称为《方法论》；之后他又出版了《形而上学的沉思》《哲学原理》等多本重要的著作。

笛卡儿的一生，可以说都是在为哲学和数学而活的，他提出的那些哲学与数学思想对人类的影响是非常深远的。所以，他的墓碑上刻着这么一句话："笛卡儿，欧洲文艺复兴以来，第一个为人类争取并保证理性权利的人。"这是世人对他的评价，也是对他的高度赞誉。

数学演说家希尔伯特

1900年，在巴黎举行的第二届国际数学家大会上，年轻的德国数学家，年仅38岁的大卫·希尔伯特做了题为《数学问题》的讲演，提出了新世纪所面临的23个问题。这23个问题被统称为"希尔伯特问题"，涉及现代数学的大部分重要领域，其中著名的哥德巴赫猜想是第8个问题中的一部分。他发表演讲之后，世界各地的数学家都以这23个问题为攻克的目标，推动了数学分支的发展和进步。

目前，这些问题中的一部分已经得到了圆满的解决，但是有些还是不解之谜。希尔伯特在1930年接受"哥尼斯堡荣誉市民"称号的讲演中，针对人们对他那23个问题中的某一些问题持"不可知"的态度而满怀信心地说："我们必须知道，我们必将知道。"

大卫·希尔伯特是对20世纪数学有深刻影响的数学家之一，他生于东普鲁士哥尼斯堡附近的韦劳。家人让他学法律，可是他执意进入哥尼斯堡大学攻读数学，因为他从小就对科学，尤其是数学有着浓厚的兴趣。

兴趣是最好的老师。希尔伯特带着对数学的浓厚兴趣孜孜不倦地追求，在不同的时期研究着不同的问题。他先后研究了不变式理论、代数数域理论、几何基础、积分方程、物理学等。其间他也对狄利克雷原理和变分法、华林问题、特征值问题和"希尔伯特空间"等问题进行研究，也都做出了比较大的贡献，有些贡献还是开创性的。

《几何基础》是希尔伯特公理化思想的代表作，作品"把欧几里得几何学加以整理，成为建立在一组简单公理基础上的纯粹演绎系统，并探讨公理之间的相互关系与研究整个演绎系统的逻辑结构"。在1904年的时候，希尔伯特对数学基础问题又进行了研究，最后提出了如何论证数论、集合论或数学分析一致性的方案。他深入研究这个形式的语言系统的逻辑性质而创立了元数学和证明论。尽管之后奥地利数理逻辑学家哥德尔否定了希尔伯特的证明论，但是其探索精神和研究结果对其他数学家的研究还是具有一定的参考价值。

希尔伯特发表的著作很多，最为著名的是《希尔伯特全集》，包括他的专著《数论报告》。《几何基础》《线性积分方程一般理论基础》还有与其他人合著的《数学物理方法》《理论逻辑基础》《直观几何学》《数学基础》，都对数学各分支的发展有着很大的促进作用。

"只要一门科学分支能提出大量的问题，它就充满着生命力，而问题缺乏则预示着独立发展的衰亡和终止。"希尔伯特不仅是个著名的数学家，还是个著名的数学演说家，他发表的很多演说对数学工作者来说都是个巨大的鼓舞，尤其是他在第二届国际数学家大会上所演说的那句："在我们中间，常常听到这样的呼声：这里有一个数学问题，去找出它的答案！你能通过纯思维找到它，因为在数学中没有不可知！"

第二辑
数学知识与生活

数学是一种精神，一种理性的精神。正是这种精神，激发、促进、鼓舞并驱使人类的思维得以运用到最完善的程度，亦正是这种精神，试图决定性地影响人类的物质、道德和社会生活；试图回答有关人类自身存在提出的问题；努力去理解和控制自然；尽力去探求和确立已经获得知识的最深刻的和最完美的内涵。

——克莱因《西方文化中的数学》

博弈论的简单应用

　　博弈论，指研究具有不同利益的决策者在利益相互制约情况下如何决策以及决策的总体效果的理论。

　　很多人在看了博弈论的定义之后还是很迷茫，还是不太明白究竟什么是博弈论。那么，举个例子吧。

　　在地震发生的时候，居住在高楼的你，冲出家门要逃生。左前方有一个门，右前方也有一个门，恰好你所居住的房子在这两个门的正中间，此时的你，该选择向左前方的门跑去呢？还是右前方的门跑去呢？绝大多数人都朝左前方的门跑去，因为居住在左面的住户远远多于住在右面的，人们的选择肯定是"就近原则"，即选择最近的门逃生。但是你是不是也要向左前方的门跑去呢？正是因为向左前方跑去的人太多，如果你也选择此门逃生的话，可能因为人多拥挤冲不出去无法达到逃生的目的。但是如果你选择的是向较少人选择的右前方的门跑去，逃生的概率或许会大一些。到底你会如何选择呢？这就是博弈论。

简单来说，博弈论就是个选择的过程，即为了自身利益最大化而选择不同的策略所造成的相互的影响。

乍一看，这个"博弈论"似乎与数学没有什么关系啊？这样想你就错了。

大家都听过我国古代田忌赛马的故事吧？齐威王和大将田忌赛马，齐威王最优的马、次优的马和较差的马都比田忌同等级的马要厉害，在这样的条件之下，田忌怎么样才能取胜呢？要是田忌按照惯例，以最优的马迎战齐威王最优的马，以次优的迎战齐威王次优的马的话，结果自然是一败涂地了。田忌的谋士孙膑给田忌出了个主意，以较差的马迎战齐威王最优的马，以次优的马迎战齐威王较差的马，以最优的马迎战齐威王次优的马，结果以2:1取胜。

田忌利用了排列组合来解决"赛马"这个实际问题，这就是博弈论在现实生活中的实际应用。假设，齐威王要是知道了田忌的"花招"，调整了马的出场顺序，那么田忌也会相应地调整出马的顺序以应战，两人反正就是在"对垒"，试图选择最优的办法以胜对方。那到底双方该如何确定马的出场顺序才能赢得比赛呢？这也是博弈论所要研究的问题。

博弈论原本是数学的一个分支，因为它能更好地解决人与人或是人与组织之间的竞争问题，所以逐渐演变成为经济学的一个研究领域，研究个体如何在错综复杂的相互影响中得出最合理的策略。

节假日各大商场都会打出低折扣的广告，在非节假日的时候，一些"对垒"的商家也会以"店庆""销售额突破××亿"等各种借口、各种理由打出折扣的广告，这些商家在举办这些"庆祝"活动的时间非常相近，或者根本就是同一天。此商家研究彼商家的经营策略，以此制定出相应的策略加以"对抗"，以获得竞争优势，这就是博弈论在经济领域的应用。

"博弈论"中的"弈"是"围棋"的意思。所以有人就把博弈论在生活中的应用比喻为"下棋"。每一个人都是一个棋手，所做的每一件事都如同在一个看不见的棋盘上布子。每一个人都想做赢家，所以在走每一步棋的时候，都要仔细地揣摩对方的想法，考虑对方在自己走这步棋之后会如何应对，自己如何一开始就断了对方的"后路"，让其无路可走。当然，你在琢磨对方的想法时，对方也在琢磨你的想法，两人就这么互相揣摩和牵制。

博弈论中最典型的案例就是"囚徒困境"了。"囚徒困境"的故事讲的是一个富翁在家中被杀，财物被盗。警察抓到了两个嫌疑犯，这两个嫌疑犯都说自己只是偷了一点东西并没有杀人。警察将他们关在不同的审讯室里进行审讯。因为警察手上并没有足够的证据起诉他们，所以希望他们能坦白从宽，于是告诉他们，如果他们两人都抵赖的话，每人领刑1年，如果两人都坦白的话，各判8年，但是如果两人中其中一个坦白了而另一个抵赖了，那么坦白的可以放出去，抵赖的就得坐10年牢了。两个嫌疑犯就琢磨了，自己要是坦白而对方抵赖的话，那么就重获自由了，但是如果对方也坦白的话，大家都进牢里蹲8年，谁也占不了谁便宜。不过他们也可以选择抵赖，运气好的话，对方也抵赖，那么坐1年牢就可以出来，可是运气不好的话，对方坦白，自己就得蹲10年牢。两嫌疑犯将多种可能性摆出来对比之后，都选择了坦白。这就是警察所要的结果。

博弈论的应用广泛，影响也深远，需要排列组合、微积分等相关数学知识作为基础。

晶体——自然界的实用体

晶体，即自然界的多面体，在经高科技包装之后能广泛为人类使用。

"晶体是原子、离子或分子按照一定空间次序排列而成的固体，具有规则的外形。"晶体的内部原子排列得十分规整严格，它通常是呈几何形状的，且非常规则。

虽说要满足有"整齐规则的几何外形""有固定的熔点""有各向异性"等三个特点才能成为晶体，看似条件多多，限制多多，实则，晶体在我们的日常生活中随处可见。我们平日里做菜用的食盐，其主要成分是氯化钠，是无色透明的立方晶体；味精，做菜用的调料，其主要成分是谷氨酸钠，谷氨酸钠是一种氨基酸的钠盐，是一种无臭无色的晶体。除此之外，我们常见的泥土砂石也是晶体。

有人称晶体为"十分有趣的固体物质"，正是因为其内部的原子、离子或分子排列整齐有序、有规则，形成了一定的对称性等特点，所以产生了一系列非晶态材料所不可能具备的电学、光学、力学、磁学和热学性质，使声（力）、光、热、电、磁等能量的不同表现形式在晶体中相互转化，从而使晶体材料成为现代科技及其产业不可或缺的关键材料。

据报道，河北医科大学第三医院在河北省率先实施人工晶体植入术，成功地使一名屈光度为3000度高度近视患者的视力提高了20倍。该患者21岁，自幼近视，目前左眼屈光度3000度(视力0.02)，右眼屈光度2700度(视力0.05)。为彻底改善患者的视力，该医院经过会诊，决定对该患者实施人工晶体植入术。专家们在患者角膜部位切开一个仅3毫米的切口，将一种特殊设计的人工晶体植入眼内晶体前方，这仿佛在患者眼睛里安装上了两只微小的"眼镜"。术后，患者视力达到0.4，超过了术前最佳矫正视力，且患者没有任何不适。据介绍，该手术不需要摘掉晶体，患者眼睛的调节功能因此得以完好保留，视觉质量也较常规手术更好。植入这位患者角膜部位的人工晶体，是现代科技发展的结晶，是晶体材料在医疗技术领域的有效应用。

晶体的应用无处不在。上自航天，下至航海，从生命科学到医疗技术，从微电子到光电子，任何一个领域似乎都离不开晶体材料，且不同的晶体有着不同的本领。

浮栅晶体管是一种常见的集成电路器件，多应用于闪存（U盘），其特点是即使断电，信息也不会丢失，但是在写入和擦除数据时，该晶体管都会放出大量的热量。半浮栅晶体管在降低功耗和提高性能这两方面都取得了很大的突破。通过将栅结构和突破性的隧穿（TEFT）晶体管结构相结合，半浮栅晶体管极大地降低了自身的能耗；拥有量子隧穿结构（TFET）的半浮栅晶体管比传统

MosFET晶体管体积更小、集成度更高，即使把集成电路做到十几纳米，半浮栅晶体管组成的器件依然能保持很低的能耗。

确实，晶体材料和晶体器件在我们工作生活中扮演着十分重要的角色。计算机里的CPU、内存和硬盘都是晶体器件在支撑；液晶电视里各种电子器件也都是晶体材料制成的。再看看手机，因特网之所以能广泛覆盖，也是靠光纤通信这种晶体材料……晶体，不仅仅是多面体，更是实用体，因为晶体的影子，时时刻刻陪伴在我们左右。

人类离不开数字

"火箭的可靠性为0.97，安全性为0.997。0.97的可靠性就是说100次发射里，只有3次可能出现问题；0.997的安全性是指火箭出现1000次问题里，可能有3次会危及航天员的生命安全。这是载人火箭的特性。一般的商用火箭可靠性为0.91到0.93，没有安全性要求。"新华网报道，载人航天工程运载火箭系统总设计师刘竹生在接受记者专访时对长征二号F型火箭的有关数字做了一番详解，"火箭入轨点速度为每秒7.5千米：这个速度是音速的22倍。我们通常说的'十里长街'，是指北京建国门至复兴门的距离，长6.7千米。每秒7.5千米的速度，相当于1秒钟内从长安街东头跑到西头。"

60分贝：航天医学研究表明，飞船飞行时绝对安静会对航天员心理产生影响，但也不能太高。神舟飞船太空飞行时舱内仪器噪声约为60分贝，相当于站在没有汽车行驶的普通商业街上。

90分钟：飞船每绕地球一圈需要90分钟，圆形轨道时每圈飞行距离约为4.2万多千米，每天飞行距离约68万千米。

以上数据无不说明一个问题："神箭"已经完全数字化了，且精确程度不容有误。任何一个数字小数点移错位或者是数字的大小不注意核实，必然会造成不可挽回的损失。

1986年1月28日的早晨，美国佛罗里达的卡那维拉尔角，寒冷的空气阻止不了成千上万的观众一睹挑战者号腾飞的壮观景象。人们早早就来到了肯尼迪航天中心，等待着那激动人心的时刻的到来。

上午11：38分，挑战者号耸立在发射架上，点火升空，它带着众人的欢呼声直飞苍穹。

那是一个怎样激动的时刻啊！人们的心情又是怎样的翻腾啊！

但是，人们雀跃的欢呼声只持续了73秒。挑战者号起飞73秒时，突然传来一声震天的巨响，震撼了现场观众以及全世界人民的心，挑战者号顿时变成一团橘色的火球，片片残骸随着火焰四处飘散，天空中白烟滚滚。挑战者号爆炸了！7名宇航员在此次飞行中献出了宝贵的生命。

据调查显示，挑战者号失事的原因主要有三点，其中两点与数字有关。"航天飞机设计准则明确规定了推进器运作的温度范围为40℉—90℉，而挑战者号在实际运行时，整个航天飞机系统周围温度却是处于31℉—99℉的范围之内。另外，所有的橡胶密封圈从来没有在50℉以下测验过，这主要是因为这种材料是用来承受燃烧热气的，而不是用来承受冬天里发射时的寒气的，而挑战者号发射的时间却正好是寒冷的冬天。"

数字是一种用来表示数的书写符号。它的存在，对人类的生存和各个领域的发展都有着极为要的作用。它可以直观地表达数量的多少、面积的大小、物体的轻重以及两点间的距离，它的出现，不仅大大地改变了人们的生活，还极大地推动了科技的发展和进步。几个数字或简单或复杂的组合，可以诠释很多很多科技知识，实现人类的升天梦或者下海梦。

在我国，人与人之间最大的区别，不是长相，不是职业，也不是财富，而是身份，确切地说是身份证号。由18个数字组成的18位数的身份证号，每个公民对应有且只有一个，任何一个数字变换了位置就形成了另一个公民的身份。这是数字在我们人身上最大也最简单的应用。

对数字的深入了解和应用，需要更多的专业人士进行专业的研究和考证，有兴趣的青少年朋友可以根据自己的特长与爱好，锁定某一个专业，用自己所学到的知识和聪明才智将数字更为广泛地应用，以便为民服务。

虚虚实实的双曲线

一望无垠的大海上，时而波澜起伏，时而狂风呼啸，轮船是如何在变幻莫测的自然环境下，准确安全地行驶到目的地呢？轮船又是依靠什么来导航的呢？答案是电波和双曲线的共同作用。

轮船在海上行驶时，靠的是岸上的两个无线电发射台，加上现代化的工具来进行定位和准确航行的。当轮船行驶在海域上的某一个位置时，与其中一个电台联系，从接收到岸上的电波的相位差可测出轮船与电台之间的距离，并由此确定一条以两个电台为焦点的双曲线。同样的方法，与另外一个电台联系就可确定出另一条双曲线，轮船就处于这两条双曲线的交点上。双曲线在航海事业的运用已经到了登峰造极的地步，"双曲线导航系统"就是利用这个原理来定位的。

到底什么是双曲线呢？百度百科是这样定义的："双曲线是指与平面上两个定点的距离的差的绝对值为定值的点的轨迹，也可以定义为到定点与定直线的距离之比是一个大于1的常数的点之轨迹。"

双曲线不仅可以用来测算距离，也可以用于其他方面，如果将建筑物的外观设计成双曲线造型，视觉效果一定会很震撼和壮美。2012年伦敦奥运会的自行车赛场，其独特的双曲线形屋顶设计吸引了很多人的目光。

双曲线能够准确地告知你所在的位置？能帮助你正确选择另一半？充分利用各种双曲线的数据、图形和公式算出的结果，是绝对不容置疑的。

人生几何

　　"几何"，可以理解为数学中的一门学科——几何学，也可以理解为"多少"。

　　对应的，"人生有几何"也有两个含义，一个是"几何图形在我们的人生中随处可见"，一个是"人一生的时间有限"。

　　我们先来聊聊第一个定义。几何图形有正方形、长方形、三角形、菱形、扇形……青少年朋友放学回家骑自行车时，有没有想过，为什么自行车的轮子是圆形的而非三角形或是长方形呢？当你回到家，站在家门口，第一眼看到的是一个长方形的门和门框吧？你会不会想，为什么我们家的门要做成长方形的，为什么不做成扇形或是菱形的呢？当你走进客厅，看到的是长方形的电视机，你会不会又有疑问了，为什么电视机不做成圆形的呢？

　　选择这些图形，都是由它们的性质决定的。自行车的轮子是圆形的，主要是因为圆形的特性是可以平稳地转动，将自行车轮子做成圆形可以平稳地向前转动以达到前行的目的。自行车的轮子有大有小，三五岁的小朋友骑的小自行车的轮子比十岁以上的小朋友或是成人骑的自行车的轮子要小很多。不同的图形有不同的性质。长方形四个内角相等，都是90°，且相对的边长也相等，用来做门，不管是从设计的美观上，还是从固定性和稳定性来看，都较为适合。

几何图形已经渗透到我们生活的每一个角落，不管你是抬头看天花板，还是俯身看地面，映入眼帘的灯罩、地板砖，不是长方形，就是圆形，再不然就是三角形，总之，几何图形是无处不在的。

"对酒当歌，人生几何"，这里的"人生几何"，起初是指人生的时间有限，要及时建功立业，不可虚度光阴。但是后来人们又慢慢将其理解为，正是因为人生短暂，所以叫人要及时行乐。我们提倡的是前者。

确实，人生只不过短短几十年而已，如果总是将时间浪费在对着美酒歌舞升平的话，那么有限的生命将碌碌无为地度过，如果人们能够抓紧时间去建功立业的话，收获的不仅是事业和财富，还会收获到完美的人生。

藏在金字塔里的数学秘密

金字塔，锥体建筑物，光是看它的外形，就会知道跟数学中的几何有着密不可分的联系，一些金字塔的发烧友，在根据文献资料提供的有关金字塔的数据进行了深入研究之后，发现其中隐藏着很多数学秘密。

约翰·泰勒，英国人，天文学和数学爱好者，同时也是金字塔的发烧友。

泰勒对金字塔的有关数据进行了测算，首先发现了胡夫大金字塔的底角是51°而非61°，经过进一步的研究发现，胡夫大金字塔每壁的三角形面积都等于其高度的平方。泰勒做了个实验，将塔高除以底边的2倍得到的数据，大家猜猜会是多少？圆周率！而同时他还发现，胡夫大金字塔的塔高和塔基的周长的比等于地球半径与周长的比！巧合？真的是巧合吗？世界上真有那么巧合的事吗？泰勒认为，这些数据的吻合绝对不是偶然的，他猜测，古埃及人是不是早就已经知道了地球的半径与周长的比例，在建造胡夫大金字塔前，通过精密的测算，之后再完全按照测算的结果将胡夫大金字塔建造起来。

泰勒的观点，有人持怀疑的态度，也有人持肯定的态度。英国数学家查尔斯·皮奇·史密斯教授就完全支持泰勒的观点。为了提出有力的证据证明自己并没有支持错，1864年，史密斯教授去实地考察了胡夫大金字塔。结果更是令他振奋不已，因为他发现了更多隐藏在胡夫大金字塔里的数学奥秘。他表示，胡夫大金字塔里，藏着长度单位、计算时间的单位等，如胡夫大金字塔的塔高乘以10的9次方就等于地球与太阳之间的距离、塔基的周长按照某种单位计算的数据恰为一年的天数……如果说泰勒和史密斯两个人的测算结果都还只是巧合的话，那么第三个人再一次去测量，得到的结果还是那么"巧合"的一致的话，是不是就不能再说是"巧合"了呢？如果不再是"巧合"的话，那么这就成为一个秘密了，久远的秘密。

费伦德齐·彼特里，也是一位英国人，他带着他的父亲花了20年的时间和心血精心改进的测量仪来到了胡夫大金字塔，对其再一次进行了测算。他的测算结果更是令人震惊，他发现胡夫大金字塔无论是线条还是角度，在350米的长度中，偏差居然都不到0.25英寸。如此小的偏差，真是奇之又奇。人们对此只能发出无限感叹，古埃及人的智慧真是非同一般啊，对于数学的测算和运用，已经达到了一定的高水准。

不过，彼特里否定了史密斯关于"塔基周长等于一年的天数"这种说法。胡夫大金字塔中到底隐藏着多少数学奥秘，需要后人继续去测量去研究。

黄金分割的魔力

　　0.618，一个看似普通的数字，却被全世界美誉为"最具有审美意义的比例数字"。

　　"黄金分割"是由公元前6世纪的古希腊数学家毕达哥拉斯发现的一个数字的比例关系，把一条线分为两个部分，长段和短段之间的比值恰恰等于整条线与长段之比，长段的平方也恰好等于全长与短段的乘积。

　　0.618正是因黄金分割的严格比例性和艺术性而被赋予丰富的美学价值。

　　"黄金分割"与人最直接的关系显示在身材的比例上。不知道多少人梦寐以求自己的身材曲线能有黄金比例啊。

　　为什么拥有"黄金比例"的身材才能算是"完美的身材"呢？据调查研究显示，人体结构中，许多比例关系都与0.618很接近。也就是说，"黄金比例"在人体上的"完美"显示与人类的进化和人体的正常发育有着密不可分的关系。然而，随着社会环境的不断发展和变化，人类也在不断地演化，拥有"0.618"完美比例身材的人慢慢就变得少之又少了。正是因为人们对于自己"0.618"的完美比例身材有着天生的追求和向往，在世代影响和相传之下，就变成了绝对的审美观。

根据张立升主编的《社会学家茶座（精华本卷二）》中介绍："自然界的和谐之美，不是绝对的平均分割，而是依照'0.618'的黄金分割率。3600年前，巴比伦人和古埃及人就不自觉地把黄金分割用在金字塔的建造上。2500多年前，希腊著名数学家毕达哥拉斯发现这个规律，而古希腊哲学家柏拉图将此称为黄金分割率。无论是古希腊帕特农神庙，还是中国古代的兵马俑，它们的垂直线与水平线之间竟然完全符合1:0.618的比例。0.618这个数字一直被后人奉为科学和美学的统一法则，它像一个美的和谐魂灵，融入米开朗基罗、达·芬奇、拉斐尔的绘画雕塑，也融入贝多芬、莫扎特、巴赫的音乐。在中国，2000多年前都江堰的'四六分水'，是一个接近黄金分割率的分水原则。'分四六、平潦旱'，童叟传诵的都江堰的分水原则不仅只是为了防洪，还反映了一种兼利天下的理念。大自然造化的神奇之处还在于，就是在几万年形成的我们的人体结构中，几乎通身都是接近1:0.618的比例关系，很难说清这究竟是人化的自然，还是自然的人化。"

阿贝拉之战，马其顿和波斯之间的战争，亚历山大大帝把军队的攻击点选在了整个战线的"黄金分割点"上，即波斯大流士国王军队的左翼和中央的结合部，他就是凭借着这个战略智慧，以少于波斯大军数十倍的兵马数完胜波斯。除此之外，古今中外的许多战役都找准了"黄金分割点"来布阵，以期取胜。

　　"黄金分割"只是一个数学方法而已，怎么就有着如此神奇的魔力呢？有兴趣的青少年朋友如果深入研究下去，你们会发现，"黄金分割"其实还有着更多、更大、更令人震惊的魔力呢。

四色猜想的辗转证明

　　四色定理又称四色猜想、四色问题，是一个著名的数学定理，是世界近代三大数学难题之一。即：如果在平面上划出一些邻接的有限区域，那么可以用四种颜色来给这些区域染色，使得每两个邻接区域染的颜色都不一样；另一个通俗的说法是：每个地图都可以用不多于四种颜色来染色，而且没有两个邻接的区域颜色相同。被称为邻接的两个区域是指它们有一段公共的边界，而不仅仅是一个公共的交点。

　　相传，四色问题是由一名英国绘图员提出来的，此人叫格思里。1852年，他在绘制英国地图的时候发现，如果给相邻地区涂上不同颜色，那么只要四种颜色就足够了。需要注意的是，任何两个国家之间如果有边界，那么其边界不能只是一个点，否则四种颜色就可能不够。格思里把这个猜想告诉了正在念大学的弟弟。弟弟认真思考了这个问题，结果既不能证明，也没有找到反例，于是向自己的老师、著名数学家德·摩根请教。德·摩根解释不清，当天就写信告诉自己的同行、天才的哈密顿。可是，直到哈密顿1865年逝世为止，也没有解决这个问题。从此，这个问题在一些人中间传来传去，当时，三等分角和化圆为方问题已在社会上"臭名昭著"，而"四色瘟疫"又悄悄地传播开来了。

"四色猜想"由英国一位名叫凯莱的数学家在一次数学年会上归纳提出，受到了广泛关注。1879年，英国皇家地理会刊的创刊号上公开向社会各界人士征求"四色猜想"的解答。

顿时，"四色猜想"成为众人热议的话题。很快，一位名叫肯普的人发表了一个关于四色定理的证明。可是没想到，1890年的时候，肯普发表的证明，被一叫赫伍德的青年指出其证明中出现的错误，一时间，数学界又引起了轩然大波。

赫伍德不负众望，在肯普提出的佐证的基础上，利用他提供的方法，提出了"五色定理"，即用五种颜色就能够区分地图上相邻各国。虽然"四色猜想"还未得到证明，但是"五色定理"的出现，算是一个重大的突破吧。

为什么"四色猜想"如此难证明呢？难倒了一个又一个数学家。

最后，美国伊利诺斯大学的数学家阿沛尔和哈肯教授于1976年的9月，运用每秒计算400万次的电子计算机在运转1200小时后，才终于成功地完成了"四色猜想"的证明工作。

至此，150年来都未曾获破解的"四色猜想"的证明工作终于落下了帷幕，成了"四色定理"："将平面任意地细分为不相重叠的区域，每一个区域总可以用1、2、3、4这四个数字之一来标记，而不会使相邻的两个区域得到相同的数字。"简单来说，就是"任意地图都可仅用四种颜色填满并做到无同色相邻。"

　　"四色理论"被成功证明以后，确立了在数学领域的地位，并被广泛应用于经济学。

　　资深媒体人罗莫在他的《四色理论的经济学应用》一文中用四色理论来做了一个案例分析。"腾讯是做个性化的即时通讯业务和个性化的博客空间的，其中QQ通信和QQ空间就是两个色链，QQ通信点对点的色链是时间链，QQ空间点对点的色链是空间链。如何向腾讯公司发展自己的业务呢？这要看到底是QQ空间赚钱，还是QQ通信赚钱。这样判断还不准确，要看谁愿意拿钱出来发展谁才是真正赚钱的，而不取决于收入的多少那个绝对数。无数的亿万富翁在打内战，只有一个乞丐拿出10元钱去抵抗外敌入侵，那这个国家真正富有的人是谁呢？是这个乞丐。那我们要投资的就是这个乞丐。如果是QQ空间赚钱，并愿意奉献出来向外发展，那么如何为QQ空间服务，就可以夺得腾讯公司的上游资金链。那么用什么色链包围可以取得这种支持呢？选择时间链进行切入，是获得成功的关键，比如向腾讯推销新能源产品，扶持QQ空间，可以取得重大突破。这种包围有一个重要原则，那就是不得分割破坏腾讯公司已经建立好的色链。这种色链的单元是极具个性化的，这种经济发展的模型有点像量体裁衣。"

　　我们又如何将"四色定理"应用于我们的日常生活中呢？其实很简单，如罗莫说的，"如果你想获得别人帮助，那么请尽情说出你的边界来。如果别人不理解你的边界，那么你就有责任反过来帮助别人了，在帮助别人的同时不落下说出你的边界，不要吝啬这种表达，就算没有人能理解，还有一个万能的听众是你自己，你自己可以帮到你自己。"

运筹帷幄之中

　　"运筹帷幄"，想必大家都听过这个成语吧？这个成语的由来，是汉高祖刘邦在西汉初年，天下已定之时，称赞张良："夫运筹帷幄之中，决胜千里之外。"意思是，张良只坐在军帐中出谋划策，就能使千里之外的战斗取得胜利。张良非常聪明，计谋颇多，善于用兵，深得刘邦器重。

　　虽然在我国西汉之时"运筹"就已经开始被广为流传，但是其变成一门现代科学，是在第二次世界大战期间，有学者提出"运筹学是阻止系统的各种经营做出决策的科学手段"才发展起来的。

　　第二次世界大战中一次有名的战役——俾斯麦海的海空对抗，是运筹学运用的经典案例。

　　日本于1943年2月，在第二次世界大战的太平洋战区，已明显处于劣势了，日军为了扭转局面，策划了一次军事行动，让一只舰队由集结地——南太平洋新不列颠群岛的拉包尔出发，穿过俾斯麦海，开往新几内亚的莱城，支援困守在那里的日军。这支舰队要想穿过俾斯麦海，需要3天的航程，3天里，他们是不可能不遭受到盟军的袭击的，那么日军需要考虑的就是，如何能够做到减少伤亡和损失。

当时的盟军统帅麦克·阿瑟获此情报之后，下令肯尼将军——太平洋战区的空军司令，空中打击这只舰队。

从南太平洋新不列颠群岛的拉包尔开往新几内亚的莱城的3天时间里可以走南北两条线。选择走哪条线呢？未来3天的天气，南线天气晴好，自然能见度就高了，北线是阴雨天气，能见度自然就差了。日军选择哪条线，肯尼将军就会在哪条线的空中进行袭击。

如此看来，盟军是处于稳胜的地位。日军在做出选择时，最重要的是要充分考虑，到底走哪条线，他们舰队才会受到较少的损失。但是盟军也要考虑的是，自己的军队如何能得到更多的轰炸时间，以及猜中日军的舰队到底是走哪条线。这就使两军在对垒之前，在充分考虑自己的情况之时，要预测对方的策略，以便调整自己的战略。这就需要"运筹学"来帮助两军做出最优的选择。

"运筹学"的核心点就是：谁能真正猜到对方的策略，谁就是赢家。

"华容道"中，曹操在华容道和大路之间进行选择，而诸葛亮要埋伏他，也要在华容道和大路之间进行选择。这就是说，在曹操与诸葛亮之间的这一华容道博弈中，曹操的策略是在走华容道还是走大路之间进行选择，而诸葛亮派关羽埋伏时，要在埋伏在大路还是埋伏在通往华容道的小路之间进行选择。诸葛亮只要猜中曹操要走的路，并让关羽在那埋伏，就必然大获全胜。诸葛亮在此博弈中，略胜曹操一筹。因为他在大路制造了埋伏的假象，而关羽实际上是埋伏在了华容道的小路上，结果曹操走了华容道，当然是被埋伏个正着了。

　　运筹学对于工商企业、军事部门、民政事业等研究组织内的统筹协调问题有着很大的帮助，故其不受行业、部门之限制而被广泛应用。有专家是这么总结运筹学的："运筹学既对各种经营进行创造性的科学研究，又涉及组织的实际管理问题，它具有很强的实践性；它以整体最优为目标，从系统的观点出发，力图以整个系统最佳的方式来解决该系统各部门之间的利害冲突。对所研究的问题求出最优解，寻求最佳的行动方案，所以它也可看成是一门优化技术，提供的是解决各类问题的优化方法。"

拓扑学的"先声"

　　18世纪的时候，东普鲁士有一座景色迷人的城市——哥尼斯堡，这座城市里有一条横贯整个城区，且使整个城市都呈现出秀美风光的普莱格尔河。这条河有两条支流在城市中心汇合，然后流入大海。它把整个城市分成了4个部分，河中心有个风景宜人的小岛，岛上建有7座风格各异的桥梁把河岸和岛连接起来，哥尼斯堡就这样被这条河和这几座桥连成了一个整体。

　　人们长期在岛上散步，在7座桥之间走来走去，不禁萌生了一个疑问：7座桥，每座桥是否只走一遍，就能回到原点呢？这个问题引起了众人的关注，大家尝试了各种各样的走法，最终还是没人能成功。"哥尼斯堡七桥问题"就这么成了当地居民茶余饭后的一种游戏。

　　哥尼斯堡大学的学生们对此问题也很好奇，大家和当地居民一起，做了很多的试验，尝试了多种不同的走法，结果还是失败了。于是，他们就给当时非常著名的数学家欧拉写信寻解。欧拉收到信后觉得这个问题很有意思，也加入到了寻解的队伍之中。数学家果然是数学家，欧拉经过一番认真地思索和推敲，很快便用一种极为独特的方法将问题解决了。拓扑学的"先声"便由此而来。

到底数学家欧拉是如何解决这个"七桥问题"的呢？拓扑学又是一种怎样的学问呢？

假设，把7座桥不重复地都走一遍，且只是一遍的路线，多达5040次，一天走一次的话，至少要13年的时间。如果有谁会真的花13年的时间去做这个实验，即使有一天他取得了成功，他也不会是一个数学家。因为数学家要懂得运用各种公式、各种方法去计算出人们想要的标准答案，而非像化学家那样，凡事都要经过科学的实验论证。这就是数学的魅力所在和奥妙所在。

聪明的数学家欧拉采用的是"拓扑法"来解答"七桥问题"：把岛、半岛和两岸陆地看成是桥梁连接的点，那这四个地方可以表示成四个结点，然后再把这七座桥看成是连接结点的七条线，这样七桥问题就被抽象为仅包含点和线的拓扑结构。欧拉通过对这个结构深入地研究和分析之后得出这样的结论：要找到一条经过七座桥，但每座桥只走一次的路线是不可能的。至此，"七桥问题"终于得以解决。

拓扑学，主要是研究连续性和连通性的一个数学分支，在形式上，它主要研究的是"拓扑空间"在"连续变换"下保持不变的性质。拓扑学起初叫形势分析学，是德国数学家莱布尼茨在1679年提出的名词。它的另一渊源是分析学的严密化。

简单来说，拓扑学就是运用各种图形和公式的性质去研究和分析问题而得出一定结论的过程。它的核心点在于"分析"。具体采用何种方法去分析，就要看运用者的智慧了。

把拓扑学引进中国的第一人就是江泽涵，20世纪30年代初他就已经在我国传播拓扑学了。

据光明网刊载的《我国拓扑学的奠基人——江泽涵》一文中介绍，在数学的诸多分支中，拓扑学是在中国发展最快、成果最突出的分支之一……这和江泽涵及早在中国传播拓扑学密切相关……他在代数拓扑学发展的早期就开始从事研究。那时，虽然莫尔斯理论等重要结果已经出现，但许多重要而有趣的问题还有待研究，拓扑学在分析学中的应用也有待深入。江泽涵研究了代数拓扑学的许多重要课题，在莫尔斯临界点理论、复迭空间、纤维丛以及不动点理论等方面都做出了贡献。

拓扑学博大精深，我国还需要更多的有识之士深入研究，在保持"拓扑学在中国发展最快和成果最突出"的成绩之外，还需将拓扑学推广应用于世界各地的各个领域。

小·概率事件——卫星撞车

有网友发帖质疑：每个国家都发射了许多卫星上天，现在天上估计至少有上万颗卫星了吧？那么多的卫星在天上会不会相撞啊？相撞了该怎么办啊？

尽管各国争相发射卫星上天，天上可能真的存在着无数的卫星，但是它们相撞的概率是小之又小的。为什么这么说呢？首先，卫星都很小，而外层空间却很大，它们相遇的机会微乎其微。其次，所有的卫星在报废以前都是有固定的高度和轨道的，其他卫星发射的时候是会避开这些卫星的，以现在的科学技术，做到这一点完全是没有难度的。再次，卫星到了一定的寿命会落入大气层中销毁，是不会永远存在于太空中的。旧的销毁了，新的又来了，新旧相互"碰撞"的机会也是非常之渺小的。

不过，凡事都有例外。美俄的两颗卫星就于2009年2月10日在西伯利亚上空约800千米处相撞了！导致正在工作的美国"铱星33"商用通信卫星和俄罗斯已经停止运作的"宇宙2251号"卫星彻底损毁！这是卫星相撞"小概率事件"的首发。五角大楼发言人布赖恩·惠特曼承认"是因为美国在计算卫星轨道时存在失误"而导致的此次事件。

美俄卫星相撞事件发生之后，韩国联合通讯社报道，2008年9月25日，一颗韩国科研卫星在距地面650千米高度轨道上跟美国一颗间谍卫星擦肩而过，险些相撞。要是数据计算稍微有一点点的偏差，就会造成不可挽回的损失，历史也就要改写了。不过幸好，数据计算准确，避免了一场"卫星撞车"事件的发生。

到底卫星"撞星"的概率有多大呢？据新华社报道，"美国宇航局艾姆斯研究中心威廉·马歇尔比喻说，太空交通，特别是卫星交通管理的现状，就好比公路上有许多汽车在行驶，而且没有交通规则规定这些车应靠左还是靠右行驶，当同一路段车辆变得足够多时，显然会不时发生撞车事故。美国宇航局约翰逊航天中心轨道碎片专家马克·马特内也认为，太空中两颗卫星相撞的概率虽然非常小，但如果时间足够长、太空中卫星足够多的话，总会发生卫星相撞的情况。他举例说，这好比买彩票，对某一个人而言，中大奖的概率很低，但所有买彩票的人当中总会有一个人中大奖。"

海王星的发现

你们知道海王星是如何被发现的吗？如果跟你说，只是靠小小的笔尖就发现了它，你信吗？

这事千真万确。英国物理学家洛奇曾对发现海王星这颗新的行星发表了这样的感叹："除了一支笔、一瓶墨水和几张纸以外，再不用任何其他东西，就预言了一颗极其遥远的、人们还不知道的行星的存在，并且敢于对天文观测者说，'把你的望远镜在某个时刻对准某个方向，你就会看到一颗人们过去从不知道的新行星。'这样的事情，无论是什么时候都是非常令人惊讶和引人入胜的。"

海王星的发现，确实是一个奇迹。因为海王星被发现以前，科学家们都是先用肉眼或是望远镜观测到行星，再根据观测的记录计算其轨道。而海王星则是被科学家们"预言"出来的。此话怎讲呢？

19世纪，天文学家们在对天王星进行观测时发现其运行总是偏离计算出的轨道。按照天文学家对其他行星观测和计算的经验，观测记录和计算结果应该吻合才对，为什么天王星总不遵循这个规律呢？当时有个叫瓦德的法国科学家就大胆地设想了，说会不会是有一种未知的力量在影响着天王星的运行轨道。众天文学家对瓦德的此预言非常重视，经过科学的论证，排除了"彗星撞击说"和"未知星云说"等几种假设之后，大家都觉得，在太阳系中，应该还存在着一颗比天王星更远的行星，是它的引力作用使天王星的轨道发生了偏离，只有这个设想是比较合理的。

可是，太阳系如此之大，人的肉眼观测的距离有限，加之观测设备的观测距离也有限，怎样才能找到这颗行星，确定它的位置呢？

1843年，英国剑桥大学22岁的学生亚当斯，通过两年多的复杂计算，终于算出了这颗行星的轨道。当他信心满满地把计算结果寄给英国格林尼治天文台台长艾利时，不料这位台长并未理睬他的研究结果。

到了1846年，法国青年数学家勒威耶也计算出了这颗行星的轨道。于是，他写信给柏林天文台的天文学家加勒，请他把望远镜对准宝瓶座，就可以在此区域内见到一颗九等的行星。勒威耶要比亚当斯幸运，加勒收到信后立即着手观测，当晚就在预测的位置发现了海王星。经过连续多日的观测，加勒发现观测到的数据都与勒威耶计算的结果相符。于是加勒就宣布，天文学界要寻找的新行星找到了！这时格林尼治天文台台长想起了亚当斯当年提交的报告，其实他们也曾经观测到这颗行星，只是把它误认为是恒星了。

太阳系的第八大行星海王星也因此被称为"笔尖上的星球"。它的发现，确实只是用了一支笔和一些纸，是唯一利用数学预测而非有计划的观测发现的行星。这充分说明了数学的魅力。

复利的"伎俩"

谁会相信美国著名的科学家富兰克林逝世之后仅留下一千英镑的遗产？谁又会相信这位科学家利用这一千英镑成就了几百万英镑的财富造福了人类？富兰克林是如何做到这一切的呢？这要从他的遗嘱说起。

富兰克林的遗嘱内容是这样的："一千英镑赠给波士顿的居民，他们得把这钱按每年5%的利率借给一些年轻的手工业者去生息。这款项过了100年增加到131000英镑，用100000英镑建立一所公共建筑物，剩下的31000英镑继续生息100年。在第二个100年末，这笔款增加到4061000英镑，其中1061000英镑还是由波士顿的居民支配，而其余的3000000英镑让马萨诸塞州的公众来管理，过此之后，我不敢自作主张了！"

看罢遗嘱，有人就质疑了，这份遗嘱有效吗？富兰克林的设想能做到吗？该不会是这位伟大的科学家临死前还要立下这样一份遗嘱跟我们开玩笑吧？

当然不是了！富兰克林的遗嘱在科学上是完全站得住脚的！经济专家指出："只要计算利息的周期越密，财富增长越快，而随着年期越长，复利效应也会越来越明显。"富兰克林就是运用时间、指数函数和利率来算的这笔账，使他的遗产随着年限的增加不断地增值。

其实，富兰克林的遗嘱玩的"伎俩"就是"复利"。"复利"是数学在经济领域的应用之一。"复利"其实就是复合利息，是一种计算利息的方法，"指每年的收益还可以产生收益，具体是将整个借贷期限分割为若干段，前一段按本金计算出的利息要加入到本金中，形成增大了的本金，作为下一段计算利息的本金基数，直到每一段的利息都计算出来，加总之后，就得出整个借贷期内的利息"。简单来说，"就是利息除了会根据本金计算外，新得到的利息同样可以生息。"

我们再来看一个故事。这是印度的一个古老传说。宰相西萨·班·达依尔发明了象棋，舍罕王要赏赐他，他说他只要在棋盘的64格内摆满麦粒，且按照第一格放1粒，第二格放2粒，第三格放4粒，即按复利增长的方式放满整个棋格。舍罕王认为西萨·班·达依尔的要求实在是太小了，完全可以满足他，可是没想到，一袋一袋的麦子扛到舍罕王面前都不够放到棋盘内，后来舍罕王终于明白，即使他再富有，也拿不出那么多的麦粒赏赐给西萨·班·达依尔。

究竟西萨·班·达依尔要的麦粒有多少呢？有学者介绍："如果造一个仓库来放这些麦子的话，仓库高4公尺，宽10公尺，那么仓库的长就等于地球到太阳的距离的两倍。而要生产这么多的麦子，全世界要2000年。"舍罕王怎么可能拿得出这么多麦粒啊？聪明的西萨·班·达依尔利用"复利"狠狠地敲了舍罕王一笔。

复利的力量是巨大的，对于财富的积累有着举足轻重的作用，所以人们也将复利俗称为"利滚利"。"利滚利"一词听起来有贬义的意味，那是因为在我国的民间借贷关系中，如果复利的利率超过了银行同期同类贷款利率的4倍，则该复利属于谋取高利的范畴，即民间俗称的"高利贷"，法律对超过的部分是不予保护的。

那么，我国各大银行是使用复利计息，还是单利计息呢？1999年3月2日，中国人民银行公布的《人民币利率管理规定》中规定："对短期贷款和中长期贷款，在贷款期内不能按期支付的利息按贷款合同利率按季或按月计收复利，贷款逾期后改按罚息利率计收复利。"目前，我国银行存款业务中，用复利计算利息的是个人活期存款。

有人说："追逐复利的力量，正是资本积累的动力。"话是没错，但是要强调的是，追逐的方法必须合法合规，否则触犯了法律，会受到法律制裁的。

数学与文学的交汇

大家听过"希尔伯特旅馆"的故事吧？世界上真有这么一个旅馆吗？答案当然是否定的了。

"希尔伯特旅馆"是伟大的数学家大卫·希尔伯特为了帮助大家理解"无穷大"的概念而讲述的一个故事。无穷大是指每一个整数后面都还有一个数。世界上没有最大的数，只有无穷大的数。在"希尔伯特旅馆"故事中，每间房子后面都会有一间房，直到无穷。

所以，当旅馆已经住满了客人时，还有新客人来的话，只要让1号的住户移到2号，2号的移到3号，以此类推，待所有的客人都移到后一号房之后，就腾出了1号房给新来的住户了。

如果来了无数个客人请求住宿的话，只要让1号房的住户移到2号，2号的移到4号，3号的移到6号，以此类推，仅安排偶数的房间的话，那么奇数号的房间就可以一个一个地安排新住户入住了。

从数学的运算角度来看这个故事，的确行得通，但是在实际生活中是不可能存在有着无穷多个房间的旅馆的。不过如果这个故事由文学家讲述的话，那么就可能真实存在了。

"神秘的希尔伯特旅馆"的故事的主人公是全球赫赫有名的希尔顿大酒店的首任经理乔治·波特。

一天夜里，一对年老的夫妻走进一家旅馆，他们想要一间房间。前台侍者回答说："对不起，我们的旅馆已经满员了，一间空房也没有。"看着这对疲惫的老人的神请，侍者又说："但是，让我来想想办法……"这位好心的侍者将这对老人引领到一个房间，对他们说："这个房间不算很好，可是我现在只能做到这一步了。"老人见眼前是一间干净整洁的房间，就愉快地住了下来。第二天，当他们来到前台结账时，侍者却对他们说："不用了，因为我只不过是把自己的房间借给你们住了一晚——祝你们旅途愉快！"

原来侍者一夜没睡，他就在前台值了一个通宵的夜班。两位老人其实是有着亿万资产的富翁夫妇，他们为了感谢侍者，买了一座金碧辉煌的大酒店让他经营管理。

这位侍者当上了酒店的经理，经营管理的各个环节又都离不开数学的帮助。这样一个充满着文学色彩的故事，到了最后就又回到了数学领域。

数学的魅力就是如此之大，不仅渗透在各个行业、各个领域，还与各个学科交汇，碰撞出新的火花。

纬度与人的命运的关系

有人说，一个人的命运，"三分天注定，七分靠打拼"。这里所说的"天注定"包含有两层意思，一层是先天的条件，即基因是否良好；第二层是环境的影响。正如古语所云：天时、地利、人和，只有这几个条件均达到了，才能成事或者成才。

但是也有人说，人的命运是掌握在自己手中的，是否成才是由自己决定的。这两个说法都没得到科学的论证，不过"12月份出生的人最长寿，北纬53度'盛产'数学家"这个说法却得到了佐证。

据新华网报道，"如果你出生在12月，你活过100岁的概率要比平均水平高出16%，但是如果你出生在6月，你的这个可能性则要低23%。芝加哥大学另一项研究也支持这个结论。该研究发现12月份出生的人比其他月份出生的人能多活大约3年。"

"你在何地出生也同样具有影响力。在北纬53—54度的区域似乎尤其具有影响力。这个区域覆盖了英格兰北部很多地区，利物浦也在其中。一系列有关纬度对创造力影响程度的研究发现，出生在利物浦的人更有可能成为创造力强的人。"专家研究显示，在过去400年中，有54%的数学家出生在北纬53度的地方。北纬53度就是一个大环境，这与前文提到的"天注定"中包含的"环境"因素完全吻合。

为什么会出现这样的现象呢？谁都知道，基因是人类生物遗传信息的载体，一种被称作为核苷酸序列（通常为DNA）的生物大分子决定了我们人的所有性状特征甚至行为。人的高矮胖瘦等外貌特征绝对与基因有关。难道说12月份出生的人和生活在北纬53度的人的基因更加良好吗？

据英国《泰晤士报》刊发的一篇题为《未来是橙色》的文章中明确地指出："你在何时何地出生真的会影响你的一生。但是这同星座无关，而是同太阳这颗恒星息息相关。"

据新华网报道，你出生地的纬度和你在子宫中时受到太阳辐射的多少影响着你的健康、财富、幸福程度、寿命和创造力。因为太阳发出的紫外线会给发育中的胎儿带来或有利或不利的基因改变……较高的辐射水平会给胚胎和胎儿的免疫系统增加压力，或者会使它们的DNA发生突变，从而使它们更易患上或更不易患上疾病。这种突变还会对大脑的特征和寿命的长短造成影响。因此12月出生者活得更久的原因可能是他们的母亲在3月份怀孕，他们避免了辐射的最坏影响，因为在母亲怀孕的早期，胚胎最易受到影响。12月出生的人也避开了紫外线水平非常低的时期，而紫外线水平低可能使人更易患上某些疾病。

大量的研究数据证明了纬度与人的命运有着密切的关系，这是数学在人的"命运学"和"基因学"中的应用。

被遗忘的负号

数字，有无穷大，自然也就有无穷小。无穷小，怎么个小法呢？在数或者一个代数式的前面加一个符号"–"，就表示一个比零小或者是这个数的相反数。画一条数轴，中间是零，左边就表示负数，右边表示正数，无穷小的数必定在数轴上零的左边无限延伸下去。

我国古代的《九章算术》记载了负数和负数的运算法则："正负数曰：同名相除，异名相益，正无人负之，负无人正之；其异名相除，同名相益，正无人正之，负无人负之。"意思是"正负数的加减法则是：同符号两数相减，等于其绝对值相减，异号两数相减，等于其绝对值相加。零减正数得负数，零减负数得正数。异号两数相加，等于其绝对值相减，同号两数相加，等于其绝对值相加。零加正数等于正数，零加负数等于负数"。我国古代的数学家是最先采用负数和将负数广泛应用的。在做筹算时，数学家们会以红色的筹表示正数，黑色的表示负数。当时写字都是用毛笔，换色非常不便。12世纪的时候，聪明的中国人想出了一个新的方法，在数字前加一条斜线表示负数，这样就避免了换色的麻烦了。这位聪明的中国人叫李治。

西方国家是15世纪之后才开始正式使用负数的，比我们中国晚了差不多3个世纪。据史书记载，西方国家在运算中，用不同的负数符号来表示负数。"如1809年，温特费尔在数字前加上'┤'或'┐'来表示负数。此外，后来亦有不同的方式表示负数，如→a表示负数，←a表示正数；am为负数，ap为正数……后来采用接近现在的负数符号的形式，如-3，-2，-1，0，+1，+2，+3，并逐渐成为现在的正负数。"

负数被世界各国广泛接受和使用了之后，被慢慢地发展运用于各行各业。负数和小数点一样，很容易被人遗忘，少一个"负号"和一个"小数点"，后果可谓是不堪设想啊。"航行者一号"太空飞船栽入大西洋就完全证明了这一点。

"航行者一号"太空飞船是美国于1962年发射要飞往金星的。根据预测资料显示，飞船会在起飞44分钟之后，9800个太阳能装置便开始自动工作了。飞船将环绕金星航行拍照，向地球传送有关金星的信息。

可是意外总是在不经意间发生。"航行者一号"起飞不到4分钟就一头栽进了浩瀚无边的大西洋，全世界人民都震惊了。

是什么原因使得美国飞船绕金星飞行的计划彻底失败的呢？是什么致命的原因使那么大一架飞船就这么"轻易"地坠毁呢？

我们都知道，沉于大海的船有可能是因为少了一个小小的螺丝钉或者是被蚂蚁打了个小洞，大厦倒塌有可能是因为一条钢筋的承载力不够，小小的一个细节，就有可能造成大大的悲剧和损失。

　　"航行者一号"就是因为技术人员在将数据输入电脑时把数据前面的负号给忘记了，以至于造成如此严重的后果，浪费了美国无数的人力、物力和财力！

　　多一个"－"号和少一个"－"号，所表示的数字的大小天壤之别，大家在使用负数的时候，一定要格外留心，千万不要遗忘了负数的符号哦。

人生格言中的数学

有人说，数学比科学大很多，因为它所包含的数字、符号、公式、图形都是证明科学的"工具"。其实，数学不仅仅是用来证明科学，用来书写科学，还可以用来描绘人生，或自勉，或诲人。

我们先来看看用数字来书写的格言。

爱因斯坦对自己之所以取得如此傲人的成绩是这么总结的："我反复思索好几个月，好几年；有99次都是错的，而第100次我对了。"这告诉人们，要想成功，务必勤奋，要多思考。

俄国历史学家雷巴柯夫曾用常数和变数来形容时间："时间是个常数，但对勤奋者来说，是个'变数'。用'分'来计算时间的人比用'小时'来计算时间的人时间多59倍。"

我国科学家王菊珍曾在实验失败之后这样勉励自己："干下去还有50%成功的希望，不干便是100%的失败。"

我们再来看看用符号书写的格言。

著名的国际工人运动活动家季米特洛夫在"珍惜时间"上绝对是个高手，他对自己一天的工作是如此评价的："要利用时间，思考一下一天之中做了些什么，是'＋'还是'－'，倘若是'＋'，则进步；倘若是'－'，就得吸取教训，采取措施。"

对于学习与探索，我国著名的数学家华罗庚经验丰富，他对此总结道："在学习中要敢于做减法，就是减去前人已经解决的部分，看看还有哪些问题没有解决，需要我们去探索解决。"

俄国的大文豪列夫·托尔斯泰以这样一个等式来启迪人们谦虚好学：一个人的价值=实际才能/自己估价。分母越大，分数的值就越小，也就是说，自己的估价越大，但其实你实际的才能就越小，你的才能与你的估价成反比。

用公式书写的格言，最典型的是爱因斯坦曾用一个数学公式来表达"成功的秘诀"。即$A=x+y+z$。A代表成功，x代表艰苦的劳动，y代表正确的方法，z代表少说空话。

大发明家爱迪生曾对"天才"做出过这样的解释："天才=1％灵感+99％的血汗。"

也有的名人学着用数学图形来书写人生格言。古希腊哲学家芝诺的学生很崇拜他，每次问他什么问题，他都能很快回答上来，学生们就很好奇地问他："老师，你有不懂的东西吗？你该不会什么都懂吧？"芝诺是这样回答学生的："如果用小圆代表你们学到的知识，用大圆代表我学到的知识，那么大圆的面积是多一点，但两圆之外的空白都是我们的无知面。圆越大其圆周接触的无知面就越多。"芝诺巧妙地用"两圆的面积"来比喻自己跟学生各自所掌握的知识，用"两圆之外的空白"来代表他们都还未掌握的知识，这是个非常恰当的比喻。

爱因斯坦也曾用圆圈来比喻知识："圆圈的里面代表我现在学到的知识，圆圈的外面仍然有着无限的空白，而且随着圆愈来愈大，圆周所接触的空白也愈来愈大"。

用数学语言来表达人的思想和性格追求时，是那么言简意赅通俗易懂。那么就让我们把那些伟人们用数学书写的格言收集整理起来勉励自己吧，让自己的人生轨迹能更深一些，最好是能给人类留下些什么。正如牛顿所说的："我并无过人的智能，有的只是坚持不懈的思索精力而已。今天尽你最大的努力去做好，明天也许能做得更好！"

分形几何学之美

在欧氏空间中，点被看成是零维，直线和曲线被看成是1维，平面和球面被看成是2维，空间则被看成是3维。4维是立体的。那么介于1维和2维之间的维数我们要怎么看待呢？比如"寇赫岛"曲线的维数1.2618，是1维还是2维呢？当然两者都不是了，它应该有个专属名词。

分形几何学，就这么应运而生了。分形几何学的出现，弥补了欧氏几何学的不足。它主要研究不光滑的、不规则的，甚至是支离破碎的几何形态。它的基本思想是："客观事物具有自相似的层次结构，局部与整体在形态、功能、信息、时间、空间等方面具有统计意义上的相似性，称为自相似性。"我们来看看磁铁，每一块磁铁都有南北两极，我们把一大块磁铁分割成无数个小块的磁铁，每一小块磁铁也都有南北两极，这就是自相似的层次结构，不管是放大还是缩小，它的整个结构是不变的。

近年来，一些学者充分利用分形几何学的理论对地震带及其邻区的构造及地震活动与该区水系分维值的关系进行对比分析，以探讨该地区构造活动的规律，同时还出现了一种用分形和多重分形概念来模拟地下小断层的数量、长度、排列方向和空间分布的技术。

在股票交易市场上，出现了一种叫作"分形交易策略"的股票获利交易策略。分形交易策略，也是从分形几何学中演变而来的。该交易方法彻底颠覆了以往的股票技术分析方法，不使用任何的参数和指标，连成交量和均线也不参考，只要会比较股票价格的高低与邻近的价格线的高低即可。它的核心是找到股票价格自放射区或向上错位分形，给出未来时间内部结构和价格幅度，并贴进市场交易。此方法因为简单、实用，且非常之稳定，所以备受青睐。

在大自然中，一只羊身上的一个小小的细胞的基因就记录了整只羊的全部生长信息；再看看我们人身上的一条小血管，也可以被认为是分形的，因为它可以被逐步细分成无限小的部分，这些小的部分同样担负起让我们人体血液能够流通的重任；一棵参天大树，它身上的各种枝杈，慢慢生长会变大变粗，它也有着跟大树树干一样的功能。

分形几何学在医学上，还可以精确地识别癌细胞。美国克拉克森大学的研究人员发现，癌细胞与健康细胞相比，在外观上具有更为显著的分形特征。

随着人们生活水平的提高，消费观念也跟着改变，珠宝首饰在人们心目中的地位也越来越高，传统的首饰设计已经不能再满足人们的需求了，这就需要首饰设计人员在艺术构思、图案设计、制作工艺等方面进行创新。这就出现了将分形图形与首饰的设计结合起来，把抽象的分形理论应用到实际的首饰设计中，给人以耳目一新的感觉——美极了！

　　分形几何学经过人们不断地研究和发展，已经覆盖了世界的每一个角落，每一个领域每一个行业都少不了分形几何学。它将科学与艺术相融合相统一，使枯燥的数学不仅仅是抽象的了，它也存在着具体的感官感受。

令人着迷而又抓狂的莫比乌斯带

莫比乌斯，大家听到过这个名字吗？

给大家一点提示，著名数学家高斯大家都认识吧？莫比乌斯就曾做过他的助教。

那么，莫比乌斯何许人也？有何成就呢？莫比乌斯是德国的数学家和天文学家。1858年，他跟另一位数学家约翰·李斯丁各自独立发现了单侧的曲面，其中最闻名的就是"莫比乌斯带"。

制作单侧曲面并不难，只要取一片长方形的纸条，把一个短边扭转180°，然后把这边跟对边粘贴起来就形成了一条莫比乌斯带。当用刷子油漆这个图形时，能连续不断地一次就刷遍整个曲面。如果刷遍了一个没有扭转过的带子的一面，要想把刷子挪到另一面，就必须把刷子挪动跨过带子的一条边缘。事实上是有两种不同的莫比乌斯带镜像的，它们是相互对称的。如果把纸条顺时针旋转再粘贴，就会形成一个右手性的莫比乌斯带，反之亦类似。

莫比乌斯带听起来似乎有些神秘，做的步骤说起来也有点复杂，但是做起来还不算太难，青少年朋友们可以动手试试。

每一个新的发现，每一个成功的试验都会被聪明的人们广泛地应用，莫比乌斯带也不例外。人们将用皮带传送的动力机械的皮带做成莫比乌斯带状，这样皮带就不会只磨损一面了，从而提高了皮带的寿命，此发明还获得了美国专利呢。有的人还把录音机的磁带做成莫比乌斯带状，这样就不存在正反两面的问题了，磁带就只有一个面了。如果把纸带想象成金属带，让电流由其中一个夹子流入，再从另一个夹子流出的话，在纸带表面的电流有两个可能的流动方向，而这两个方向的电流产生的磁场恰好相互抵消。也就是说，电流在这个装置流动的时候不会产生磁场，所以也不会有电池感应的现象发生。这就是无电感电阻，电阻叫莫比乌斯电阻，也是莫比乌斯带的应用。

莫比乌斯带在艺术和文化作品中也经常被引用作为"无限循环"的一个象征。国际通用的循环再造标志就是一个绿色的、摆放成三角形的莫比乌斯带。还有很多科学馆门前的环状雕塑，也是利用了类似莫比乌斯带的性质。

莫比乌斯带是一种拓扑结构，它只有一个面（表面）和一个边界。

什么是拓扑呢？拓扑所研究的是几何图形的一些性质，它们在图形被弯曲、拉大、缩小或任意的变形情况下保持不变，只要在变形过程中不使原来不同的点重合为同一个点，又不产生新点。换句话说，这种变换的条件是：在原来图形的点与变换了图形的点之间存在着一一对应的关系，并且邻近的点还是邻近的点，这样的变换就叫作拓扑变换。拓扑，大家听起来可能会觉得

有些生硬，理解起来也会有些困难，但是如果知道它的另一个很
形象的说法"橡皮几何学"就容易理解多了。大家都知道，一个
橡皮圈既能变成一个圆圈又能变成一个方圈。但是一个橡皮圈却
不能由拓扑变换成为一个阿拉伯数字8。因为不把圈上的两个点
重合在一起，圈就不会变成8。

　　莫比乌斯带是一个令人着迷而又抓狂的现象，你无法简单、
直观地理解它何以成为可能。这一切，恐怕只有像莫比乌斯这样
的数学家才能参透其中的奥秘。

第三辑
数学史话

数学之所以比一切其他科学受到尊重，一个理由是因为他的命题是绝对可靠和无可争辩的，而其他的科学经常处于被新发现的事实推翻的危险……数学之所以有高声誉，另一个理由就是数学使得自然科学实现定理化，给予自然科学某种程度的可靠性。

——美国爱因斯坦

无理数引发的第一次数学危机

有人说，数学是一门精确的科学，任意一个数都能用整数和分数表示。但是有人却在实际解题过程中推翻了这种说法而发现了一种新的数，这种数是我们后来才知道的"无理数"。

"世界上只有整数和分数，除此之外，就再没有别的数了。"说这话的是毕达哥拉斯。

毕达哥拉斯是古希腊的哲学家、数学家和音乐理论家。他和他的信徒们组成了一个所谓的"毕达哥拉斯学派"的政治和宗教团体，这个团体有着很严格的规定，其中有一条是：绝不把知识传授给外人，否则要受到严重的处分，甚至是酷刑——活埋。

毕达哥拉斯之所以闻名于世，是因为他发现了勾股定理，他用演绎法证明了直角三角形斜边平方等于两直角边平方之和。正是勾股定理的发现，使毕达哥拉斯的学生希伯休斯在做某一道题时，发现了一个神秘的数。

　　这道题是这样的：如果正方形的边长是1，那么它的对角线L是多长呢？

　　由勾股定理可知，L的平方为2，那么L是整数还是分数呢？明眼人一看就知道，这个L既非整数也非分数，它是一个神秘的数，介于1和2之间，比1大又比2小。

　　这个神秘的数的出现让希伯休斯很兴奋，他以为告诉了自己的老师毕达哥拉斯后，在他的帮助下能尽快找出这个数，可是没想到的是，毕达哥拉斯始终坚持"世界上只有整数和分数"的观点，对于这个神秘的数很排斥，不让希伯休斯继续研究下去，封锁其"发现"，不准希伯休斯将这一发现告诉任何人。

　　希伯休斯不是一个轻易放弃的人。他坚信世界上确实有这么个神秘数，不想让自己的发现就这么被无情地扼杀，于是，他背地里继续研究这个数，且还跟有兴趣的同道人一起研究，大家通力合作的消息很快传开了。毕达哥拉斯知道之后大怒，发誓要把泄露这个发现的人——希伯休斯给除掉。

　　最后，希伯休斯在逃亡的途中，被毕达哥拉斯的信徒给扔进了海里。为了研究"无理数"，为了证明"无理数"的存在，希伯休斯献出了自己宝贵的生命。由此而拉开了第一次数学危机的序幕。毕氏学派抹杀真理是为"无理"。人们为了纪念为真理而献身的希伯休斯，就把这个神秘的数称之为"无理数"。

　　由无理数引发的数学危机一直延续到了19世纪的下半叶。无理数到底是怎么样的数呢？1872年，德国数学家戴德金从连续性的要求出发，用有理数的"分割"来定义无理数："非有理数之实数，不能写作两整数之比。若将它写成小数形式，小数点之后的数字有无限多个，并且不会循环。"戴德金把实数理论建立在了严格的科学基础上，从而结束了无理数被认为"无理"的时代，持续了2000多年的数学史上的第一次大危机至此终于结束了。

代数学的发展引发数学史上的一场论战

代数学是数学中最基础也最重要的分支之一，分为初等代数学和抽象代数学两部分。初等代数学是古老的算术的推广和发展，而抽象代数学则是在初等代数学的基础上产生和发展起来的。"初等代数学是指19世纪上半叶以前的方程理论，主要研究某一方程（组）是否可解，怎样求出方程所有的根（包括近似根）以及方程的根所具有的各种性质等。"

对于普通的一元二次方程的解法，古代的巴比伦和中国的很多数学家都已经掌握了，但是一元三次方程的解法，似乎让当时各国的数学家很是头疼，使得代数学在中世纪的发展几乎处于停滞状态。直到1535年，出生于意大利北部的塔塔里亚宣布，其已经掌握了一元三次方程的解法。

塔塔里亚原名丰塔纳，是意大利著名的数学家、力学家、军事科学家。他很年轻，且是自学成才的，所以当时很多著名的数学家很不屑与他平起平坐，总觉得这个家伙"不靠谱儿"。塔塔里亚完全不理世人的眼光，一味地专注于自己的学术研究。终于在1535年的时候，在威尼斯教学的他自豪地向外界发布：我已经掌握了一元三次方程的解法！不过他却不肯公开解法。

一个自学成才的小子，能有多大的能耐啊？他怎么可能解出一元三次方程啊！当时一位名叫菲奥尔的数学家觉得塔塔里亚太"高调"了，他根本就不相信塔塔里亚真的掌握了一元三次方程的解法，为了挫挫他的锐气，为了证明自己的实力，他与塔塔里亚决定于1535年的2月22日在米兰进行一场数学竞赛。数学史上，震惊数学界的论战由此拉开了序幕。

这场数学竞赛的要求是这样的：双方各出30道题目给对方做，时间限定在两个小时内，谁做的题目多且对的多，谁就是赢家。

塔塔里亚有真才实学那是肯定的，再加上他有一定的运气，居然在赛前第八天发现了一种解题的新方法，他设计了30道只能用这种新方法来解答的题目在比赛当天给菲奥尔做。菲奥尔哪里知道这种新方法，结果在比赛当天以零比三十惨败。塔塔里亚一夜之间成为数学界的传奇人物。

其实，塔塔里亚在对外宣称自己已经掌握一元三次方程解法的时候，自己并未真正掌握，在发现了那种解题的新方法打败了菲奥尔之后，经过一段时间的探索，他才找到一元三次方程的解法。

欧洲一位名叫卡尔达诺的著名医生不但精通医术，还很喜欢数学，曾花了大量的时间和精力去研究一元三次方程的解法，但一无所获。于是他写信哀求塔塔里亚告诉他一元三次方程的解法，塔塔里亚经受不了卡尔达诺一而再、再而三的哀求，在卡尔达诺立下毒誓"永不把此秘密公之于世"以及声称能把塔塔里亚推荐到西班牙去做炮兵顾问这两个前提条件之下，1539年3月25日，塔塔里亚告诉了卡尔达诺一元三次方程的解法，不过却没给出证明。

卡尔达诺其实是个"伪君子"，在得到了解法之后并没有遵守诺言，1545年出版了一本名叫《大术》的书，于书中公布了一元三次方程的解法，同时也将自己利用此方法找到的若干证法一并公布。

塔塔里亚知道之后非常愤怒，出版著作《各式各样的问题与发明》痛斥卡尔达诺背信弃义的行为，两人由此展开了一场"口水战"。

为了捍卫自己的"知识产权"，塔塔里亚要求与卡尔达诺进行一场数学竞赛，地点还是在米兰，时间是1548年的8月10日。数学界的又一场竞赛，吸引了各国的数学家去"观战"。不过可惜，卡尔达诺在比赛当天并未出现，而是派了自己的得意门生费拉里出场。费拉里是个数学天才，不仅熟知一元三次方程的解法，其实他还早已在赛前就发现了四次方程的巧妙解法。真是长江后浪推前浪啊！尽管塔塔里亚对一元三次方程的解法了然于胸，尽管他是最先掌握此解法的人，但对于一元四次方程的解法却完全陌生的他，最终还是抵挡不了天才数学家费拉里的进攻而败下阵来。历史的一幕又重演了！当年菲奥尔惨败在米兰，塔塔里亚如今也惨败于米兰，真是命运弄人。

两次在米兰的数学竞赛，组成了数学史上的一场大论战，在推动欧洲代数学的发展的同时，向世界各地的数学家们发出了这

自然数和完全平方数孰多孰少

意大利的物理学家伽利略曾提出一个很有意义的问题：是自然数多？还是完全平方数多呢？

在思考和分析这个问题之前，我们先来了解什么是自然数，什么是完全平方数。

自然数是指"用以计量事物的件数或表示事物次序的数。""一个数如果是另一个整数的完全平方，那么我们就称这个数为完全平方数，也叫作平方数。"

我们大家都知道，自然数1,2,3……是无穷无尽的，而它们的平方1,4,9……也是无穷无尽的，两串无穷无尽的数怎么能拿来比较呢？两者应该没有孰多孰少这种说法吧？

可是伽利略不是这么想的，他的想法比较新奇：前10个自然数中，只有1,4,9三个平方数；前100个自然数中，只有1,4,9,16,25,36,49,64,81,100共10个数是平方数，依此类推，前1000个自然数中，也只有100个数是平方数，这样难道不能说明一个问题，即完全平方数只是自然数里很少的一个部分吗？不能说明完全平方数其实是少于自然数的吗？

如果按照伽利略以上的想法，或许真的可以判定出完全平方数少于自然数，但是，他自己又提出了一个新的疑问：任何一个自然数都有一个平方数，也就是说，一个自然数就对应着一个完全平方数，这不是说明了自然数其实跟完全平方数是一样多的吗？

到底自然数和完全平方数是一样多呢，还是自然数明显多于完全平方数？伽利略被自己的两种分析方法弄困惑了，他自己也不知道到底哪种分析方法是正确的。

其实，要比较两者也不难，只要给双方都设定一定的标准，在那个标准之下进行比较，自然就不会感到困惑了。

德国数学家康托尔创立的集合论顺利地解开了伽利略的困惑。集合论的创立，很好地处理了数学上最棘手的对象"无穷集合"，因为集合论是关于无穷集合和超穷数的数学理论，它是专门研究集合的数学理论，包含集合、元素和成员关系等最基本的数学概念。

用集合论来对自然数和完全平方数进行一个比较。因为设定了一个标准，即看自然数和完全平方是否是一一对应的关系，如果是，那么两者必然一样多，如果不是，那肯定就有一个多一个少了。相信大家都不难看出，两者之间有着明显的一一对应关系，所以，自然数和完全平方数其实是一样多的。

有关质数的猜想

　　哥德巴赫在1742年写给欧拉的信中提出了一个大胆的猜想：任一大于2的整数都可写成三个质数之和。

　　质数，又称素数，指在一个大于1的自然数中，除了1和此整数自身外，无法被其他自然数整除的数。

　　欧拉在给哥德巴赫的回信中提出了另一个版本的"猜想"：任一大于2的偶数都可写成两个质数之和。对于这个"猜想"，人们将其称为"强哥德巴赫猜想"或"关于偶数的哥德巴赫猜想"。

　　从"关于偶数的哥德巴赫猜想"，有学者又推出了"任一大于7的奇数都可写成三个质数之和"的猜想，该猜想被称为"弱哥德巴赫猜想"或"关于奇数的哥德巴赫猜想"。

　　在1937年，苏联的数学家维诺格拉朵夫证明了"充分大的奇质数都能写成三个质数的和"，称为"哥德巴赫—维诺格拉朵夫定理"或"三素数定理"。"三素数定理"的证明，数学家认为

"弱哥德巴赫猜想"已经算是解决了。

我国数学家陈景润在1966年证明了"任一充分大的偶数都可以表示成二个素数的和，或是一个素数和一个半素数的和"。不过，"强哥德巴赫猜想"还是未得到充分的证明，对与错都还没个定论。

质数在自然数中的分布，它的规律并不简单。德国数学家波恩哈德·黎曼在1854年就职论文中，定义了黎曼积分，给出了三角级数收敛的黎曼条件，从而指出积分论的方向，并奠定了解析数论的基础，提出了著名的"黎曼猜想"。波恩哈德·黎曼在提出这个猜想之后很努力地去证明，但是到目前为止，黎曼猜想还未得到任何人任何合理的证明。黎曼假设对于函数论和解析数论中的很多问题的解答都会有帮助，只要能证明它的准确性，必能带动其他许多问题的解决。

关于质数的猜想，还有"孪生质数的猜想"，是波林那克于1849年提出的，其内容为"猜测存在无穷多对孪生质数"。何谓"孪生质数"？即指一对质数，他们之间相差2，例如15和17、13和15等。孪生质数猜想也是个悬而未决的著名数论之一。很多数学家都尝试着去证明，但是至今未有学者拿出实质的证明。

17世纪一位叫梅森的法国数学家，也曾做过一个关于质数的猜想。梅森为了证明自己的猜想，也做了大量的运算。由于质数排列并无规律可言，似乎是杂乱无章的，所以人们在寻找梅森质数的规律上有着很大的困难。找不到梅森质数的规律，所以要想知道到底有多少个梅森质数，究竟哪些数才是梅森质数也存在着一定的难度。是否有无穷多个梅森质数也是数论中未解决的难题之一。

几何宝藏——勾股定理

　　当我们抬起头来会看到一轮红日挂在天边，似乎很遥远的样子。到底有多遥远呢？以我们当代的科技，要测出太阳距离我们有多远，那是轻而易举的事，但是对于古代人而言，那是悬之又悬的谜。古代很多科学家都尝试着去测量太阳到底距离我们有多高和多远，但总是以失败而告终。

　　公元前6–7世纪，我国古代杰出的数学家陈子也参与到测量的队伍当中，他用的方法就是将太阳看作一个点，在地面上竖立测量用的标杆，再利用太阳的那个点和标杆所形成的影子构成的直角三角形，然后根据"若求邪至日者，以日下为勾，日高为股，勾股各自乘，并开方而除之，得邪至日者"，即将勾、股各平方后相加，再开方，就得到弦长来计算出太阳距离人们的高度，不过受到当时科学认识的限制，陈子误把地球看成是一个平面，以至于计算出来的数据跟实际的数据相差太远。

　　陈子当时所用的求弦长的方法，其实就是"勾股定理"。虽然我们祖先那个时候已经知道用几何图形来帮助他们去求解一些数据了，但是当时人们还未意识到有这样一个定理的存在。

三皇五帝时期，黄河流域洪水泛滥，大禹治水过程中的"左准绳，右规矩"，运用勾股测量术，即用长为3∶4∶5的边构成的直角三角形来进行测量。虽然大禹治水时又用到了"勾股定理"，但是"勾股定理"真正被广泛认识和流传是出自于商周，最早有关它的记录是在一本数学著作《周髀算经》里。

《周髀算经》里记载了一段商高和周公的对话。商高说："……故折矩，勾广三，股修四，经隅五。既方之，外半其一矩，环而共盘，得成三四五。两矩共长二十有五，是谓积矩。"意思是，当直角三角形两直角边的长度分别为3和4时，那么斜边的长度就是5，即"勾三股四弦五"。至此，"勾股定理"正式以"商高定理"的名字被人们所认识。

之后，为了纪念我们的祖先对于"勾三股四弦五"的发现和使用，为了纪念这一伟大成就最先在我国流传，我国将这个定理命名为"勾股定理"。

勾股定理可以用一个直角三角形形象地表现出来，其将数和形很好地联系在一起，故有学者称其是"联系数学中最基本也是最原始的两个对象——数与形的第一定理"。它不仅是数形结合的纽带之一，同时也是用代数思想解决几何问题的最重要的工具之一。

在前文我们讲述有关第一次数学危机的史话时提到，毕达哥拉斯完成了勾股定理的证明，故欧洲人也将其定理称之为"毕达哥拉斯定理"。不过据推算，毕达哥拉斯证明勾股定理的时间比我国发现勾股定理要晚。不管欧洲人称其为什么定理都好，永远改变不了这样一个事实——我国是最早发现勾股定理这个"几何宝藏"的。

被诺贝尔奖遗忘的数学

　　世界各国各个领域的杰出人才无不希望拿到诺贝尔奖。不仅奖金丰厚，它带来的崇高的世界地位和世界效应更是其他任何奖项所没有的。不过很遗憾，如果你是一位数学家，你对人类做出的贡献再大，你都无缘获得"诺贝尔奖"，因为诺贝尔奖中根本就没有设数学奖这一项。为什么被誉为"科学女皇的骑士"的数学，就被剔除在了诺贝尔奖的大门之外呢？

　　诺贝尔奖是1901年12月10日首次颁发，根据瑞典化学家阿尔弗雷德·诺贝尔的遗嘱所设立的奖项。阿尔弗雷德·诺贝尔是近代炸药的发明者，此发明为他带来了巨大的财富。因其发明的火药具有很大的破坏性，这使他内心很不安，他觉得自己应该为后人做些什么来安抚自己的心。于是他立下遗嘱，用其遗产中的3100万瑞典克朗成立一个基金会，把基金每年所产生的利息奖给在前一年为人类做出杰出贡献的各个领域的人。

　　诺贝尔曾在他生命的最后几年先后立下三份内容非常相似的

遗嘱。第一份立于1889年，据说这一份遗嘱中包含有设立诺贝尔数学奖的，但之后设立的两份遗嘱中都将其删除了，很多人都对诺贝尔不设诺贝尔数学奖的原因进行了猜测和分析，其中有四个版本的猜测可能性比较大。

诺贝尔设立遗嘱之时，数学领域里已经有了一个很有影响力的奖项——斯堪的纳维亚奖。诺贝尔也许觉得，斯堪的纳维亚奖已经对在数学领域具有突出贡献的数学家进行了奖励，他没必要再设一个诺贝尔数学奖与之分一杯羹了。

也有的人认为，诺贝尔不设立数学奖是与私人恩怨有关。诺贝尔一生中爱过三个女人，其中一个女人和他，还有19世纪末20世纪初瑞典一位很有影响的数学家米泰莱弗勒，三个人之间有着一段理不清的情感关系。诺贝尔憎恨米泰莱弗勒，如果他设立了诺贝尔数学奖，以米泰莱弗勒当时在数学领域所做的成就，获得这个奖项的呼声会非常高，诺贝尔怎么能让自己的情敌拿到自己设立的奖项呢？也有人说，正是因为他跟米泰莱弗勒之间的私人恩怨影响了他对所有数学家的看法，他对数学家根本没半点好感，当然就不想设立数学奖"便宜"了那些他不喜欢的人。不过这种说法似乎论据不足。就算诺贝尔设立了数学奖，米泰莱弗勒就一定能获得吗？谁知道会不会爆个冷门出来呢？当然，从人性的角度来看，诺贝尔也不可能会因为这个原因而不设数学奖。大家想想看，一个愿意把自己的巨额财富拿出来鼓励那些为人类做出贡献的人，这就充分说明了诺贝尔是个支持人们深入研究的人，具有如此博大胸怀的人，怎么可能那么小肚鸡肠，为了争夺一个女人而记恨别人呢？

第三，诺贝尔是个发明家，他所从事的事业似乎与抽象的数学关系不是很密切，他压根儿就没有注意到数学这门学科，或者说他对数学根本就不感兴趣，自然也就不想设立数学奖了。

第四点，也是最重要的一点，诺贝尔在遗嘱中说，诺贝尔奖是奖励给那些对人类具有巨大贡献的发明和发现者，诺贝尔可能认为数学比较抽象，是一门人类不可以直接从中获益的科学，所以没设其奖。

这么重要的一门学科，被诺贝尔奖给拒之门外，世界各国的数学家对此都不服。不过没有办法，诺贝尔的遗嘱中没有明确说明要设立此奖项。为了弥补这一遗憾，加拿大数学家约翰·菲尔兹在担任国际数学大会组织委员会主席期间，提出了设立数学优秀发展国际奖的提议，此提议于1932年在苏黎世召开的国际数学大会上得以通过。因其在该大会召开前一个月去世，为了纪念他，该奖项就以他的名字命名。

除了该数学奖外，1982年又成立了以芬兰著名数学家、芬兰大学校长涅瓦林纳命名的数学奖。

没诺贝尔数学奖，但是有菲尔兹奖和涅瓦林纳奖，总算没有辜负那些为数学事业做出巨大贡献的数学家们。

魔方的神奇魔力

据史料记载，大禹在治水的时候，看到一只大乌龟，乌龟的背上有一个奇怪的图，这个图分成九个小部分，每一个部分上面都有一些小点点，大禹将龟甲上的这个图用几何图形画出来，是一个有九个空格的"方图"，大禹把从龟甲上数到的点数填入对应的空格内，从上到下依次是4，9，2、3，5，7和8，1，6，不同方格内的这些数，不管是横着的3个数相加还是竖着的3个数相加，其和都是15。这种方图反映了正整数的一种性质，我国古代把这种图称为"纵横图""九宫图"或是"魔方"。国外称其为"幻方"。

所谓魔方，就是将间隔相等的连续的自然数填入格子内，既不重复，也不遗漏，使魔方的每行、每列、每条对角线上的数相加之和都相等，即等于幻方常数。

魔方最早记载于我国春秋时期的《大戴礼》中，而国外是在公元130年的时候，希腊人塞翁才第一次提起魔方。公元13世纪的时候，当时的数学家杨辉编制出了一个3—10阶的魔方，记载在他1275年写的《续古摘厅算法》一书中。而在欧洲，德国著名画家丢勒绘制出了完整的4阶幻方时已是574年。这些都充分说明了我国是拥有魔方发明权的国家，且我国古代的一些数学家一直都在对魔方进行深入的研究。

有一位小有名气的"数学家"曾劝阻青少年学生不要过于迷恋魔方，因为魔方只不过是一个数学游戏罢了。此说法受到了各国数学家的强烈反对。因为我们可以清楚地看到，在计算机技术飞速发展的今天，魔方的用处可谓是大之又大，数码编排、程序设计、实验设计、人工智能、组合分析以及工艺美术等领域都在应用魔方，且随着科技的不断更新和发展，相信它的应用还会更加广泛。

在数学中，魔方蕴含的哲理思想是最为丰富的。其布局规律、构造原理蕴含着一种概括天地万物的生存结构，是说明宇宙产生和发展的数学模型，这充分表示，魔方被广泛应用于哲学思想方面的研究。

在美术设计方面，因魔方的对称性非常好，具有一定的美学价值，西方建筑学家们依照魔方来设计建筑，既美观大方，又有一定的魔幻性，如用灯光和色彩更会使魔方图变得神秘和多姿。

现在很多婴幼儿和青少年的智力开发游戏都采用魔方设计，因为魔方看似比较简单，入门容易，易引起婴幼儿和青少年的兴趣。如围棋棋盘是一个19阶方阵，象棋棋盘是一个8阶方阵，两者的走法原理都同魔方的布局原理有关。

我们再来看看魔方在数学教学中的应用。方程幻方、根式幻方、分数幻方等应用于教学中，使教学的内容丰富化和趣味化。

在科学技术方面，引出了哥斯定理、格里定理；引出了电子方程式；引出了自动控制论，促成了计算机的诞生；引出了庞氏父子猜想等。

　　信息时代的今天和明天，魔方的应用前景是不可估量的。

纽结论的前身——结绳法

古代波斯国王大流士在一次远征出发之前留下了一条打有60个结的皮带，表示他这次出征往返大概需要60天的时间。

20世纪初，德国巴登省的面粉厂，在捆绑面粉袋的绳子上打结以示"标签"作用，绳子的圈数表示袋中所装的食物，特定的结表示袋中物品的数量。

以上两个事例都是用结绳法来计数，这说明了数学和绳结之间在很早很早的时候就有着密切的联系了。

结绳法是利用一种十进制的方法在绳子上打结以示记录。一般情况下，绳子中最远的一行的一个结代表1，次远的代表10，以此类推。如果一根绳子上没有结，就表示"0"。另外，结的尺寸、颜色和形状可对物品的品种、数量等进行记录。如黄色的绳子可以表示黄金或是玉米等金色的食物。

现在的秘鲁、厄瓜多尔和智利，在它们还是印加帝国的领地时，他们就是用结绳的方法管理着他们的帝国。印加的王室道路，从厄瓜多尔到智利，绵延3500英里，主要是靠职业长跑手来传递信息，每位职业长跑手负责传递两英里，他们传递信息靠的就是结绳法，将印加帝国有关人口改变、庄稼收成、机器设备配置等信息资料通过结绳的方式来传达。

在没有书写记录的情况下，结绳法有着十分重要的记载历史的地位和意义。后来，数学家们把结绳法发展成为"纽结论"，这是拓扑学的一个分支，专门研究纽结的具体结构。拓扑学中，纽结被定义为三维空间里的一个封闭回路，它与历史上、生活上的纽结不一样，数学上的纽结是个"死结"，绳端不是松开的。

随着时代的发展和科技的进步，纽结论被广泛用在遗传学、分子科学、物理学、化学等领域。

DNA的复制问题困扰了很多的生物学家和数学家，如今，这两大领域的"大家"正在联手探究哪一类纽结能够让DNA很容易地复制成功。

纽结论在分子科学的应用上，主要表现为关于液体和气体行为的研究需要纽结论和统计力学"团结协作"。

物理学家们经过长期的研究发现，纽结构形可以用来描述可能发生的粒子之间的不同的相互作用。目前，有物理学家怀疑，嵌入高维空间里的超微纽结或许可以解释宇宙物质和能量的结构，此怀疑能否得到实证，我们拭目以待吧。

在化学方面，我们可以通过观察原子涡流管的不同纽结来区别各种化学元素。

如果我们继续用数学的眼光去深入分析和研究纽结论的话，就会发现，它连接着大千世界和我们人生的许许多多方面，大自然的很多很多作品也都与之有关。

孤立子不孤立

你能想象，一个波，它长途跋涉，却从不改变形状；你能想象，一个波，它我行我素，永远孤独地稳步向前；你能想象，一个波，与另一个波，不同速度的波，偶然相撞了之后，依然保持着原来的高度和速度奋勇向前，一点儿也没改变吗？世界上有这种波吗？

这种波就叫"孤立子"，又称孤立子波，是非线性波动方程的一类脉冲状的行波解。它们的波形和速度在相互碰撞后仍能保持不变或者只有微弱的变化。它是一个不因环境、时间的变化而有任何变化的物理量。

首先发现这种波的是一位名叫J.S.罗素的工程师。

1834年的时候，这位年轻的工程师在河边看到一条船在运河中突然停止了前进而激起了一个很不寻常的浪头，这个浪头沿着运河滑行而去，罗素被眼前的美景给吸引住了，骑着马跟随着这个浪头一路向前，一路观察此浪头的形状和速度，他发现一路下

157

来，这个浪头都保持原来的速度和形状不变，直到在运河的拐弯处消失。于是，罗素带着好奇和疑问回到了自己的实验室，对这股浪头进行了研究，结果发现，这种波真的存在。当他把这个消息发布出去时，很多科学家都不以为然，觉得不可能存在这样的波，认为罗素的观测是不准确的。

直到1965年，美国普林斯顿的数学家M.克鲁斯卡尔和N.扎布斯基才注意到罗素的观测记录，注意到当两个不同速度的波相遇发生碰撞以后却能各自保持不变继续前行。这两股波只是互相穿越，并没有受到对方的干扰而影响自己的高度和速度。这两位数学家发现，这两股波有的唯一的改变就是，速度较快的那个结束的位置稍微提前了一点，而较慢的那个则稍微后移了一点。两位科学家将这两种波称为"孤立子"。

孤立子普遍存在于大自然中。如水、空气、大地、电磁场等多种媒介中。它是一种比较复杂的系统，有着惊人的保持完美平衡的力量。正是这种力量使它被各学科深入研究并应用。

DNA脱氧核糖核酸双螺旋分子复制的结果是一条双链变成两条一样的双链，每条双链都与原来的双链一样。当DNA双螺旋被展开时，每一条链都用作一个模板，通过互补的原则补齐另外的一条链，即半保留复制，这种复制的过程很可能产生孤立波。这是孤立波在遗传学中的探索应用。在分子生物学中，蛋白质在肌肉运动时的作用很可能能用孤立子的作用来解释；在量子论中，孤立子被看成是类似于粒子的物质来进行研究，因为孤立子同时具有波和粒子的性质；在物理学上，一系列在流体力学、非线性光学、等离子物理中有重要应用的方程都已应用孤立子理论中的方法找到了精确解；在医学中，医生在给病人进行激光治疗时，光线在光纤中传播，在指定的距离产生孤立子能量波以达到治疗的效果，而不用穿透健康的组织，影响人体的健康。

日本大阪大学的研究人员经过长时间的研究，创造了第一个低频率孤立子声波，目前他们正在完善此声波，希望能用这种声波来发展新的技术和方法。孤立子不孤立。我们期待着孤立子能有更多更好的应用和发展，为人类的进步和发展做出更多更大的贡献。

第四辑
生物界中的数学知识

数学对观察自然做出了重要的贡献，它解释了规律结构中简单的原始元素，而天体就是用这些原始元素建立起来的。

——德国天文学家、数学家开普勒

人身上的多把"尺子"

"一个人走在尺子上",打一成语。

没错,答案就是"得寸进尺"。

"一个人身上带着尺子",打一个学科。

相信这个谜语也难不倒大家吧?

是的,答案就是"数学"。

人身上的"尺子"何其多,其中"一拃"就是一把尺子。你可以先用直尺将自己一拃的长度测量出来,假如是7厘米的话,你的床有30拃的话,那么就可以计算出你的床大概就是2米长;将你的两臂侧平举,掌心向前,两臂中指尖之间的距离就等于你的身高;你将右手的食指指节弯曲,中间指节的长度一般约为一寸。另外,步伐、身高、臂长、双臂长、手指等都是一把"尺子",为我们的日常生活提供帮助。

首先我们说说步伐。我们可以用它来测量家和学校的距离。一般来说,一名中学生的每步大概是长65厘米,从跨出家门的第一步开始算起，你从家走到学校要多少步，得到的步数乘以每步长就是你要的结果了。数字、距离、乘法运算，简简单单的一次测量，就用了好几项数学知识。

然后我们说说身高。小学生大概是150厘米左右。我们按150厘米来算，你抱住一棵大树，如果两手正好合拢，那么这棵树的周长大概就是你的身高150厘米左右。因为每个人两臂平伸，两手指尖之间的长度和身高大约是一样的。我们还可以利用人的影子来测量树木的高度。科学研究证明：树的高度＝树影长×身高÷人影长。你只要量一量树的影子和自己的影子长度就可以计算出树的高度了。很奇妙吧？还有更奇妙的呢。

班里组织秋游活动，大家去爬山，到了山顶，都被眼前的无限美景给吸引住了。爱思考的小强却没有注意眼前的美景，反而对对面山跟自己所站的这座山之间的距离产生了好奇。

"要怎么才能测量出两座山之间的距离呢？是不是要借助直升飞机等高科技的工具才能测量到呢？"小强把疑问抛给了班主任，班主任是教数学的，她笑了笑，答道："其实，不用那么复杂的，我们可以利用声音来帮我们测两座山之间的距离。"

"声音？"小强不解。

班主任耐心地解释道："人的声音每秒大约能走331米，我们可以对着山的那一边大喊一声，然后按下秒表计算看看几秒后能听到回声，就用331乘以听到的回声的时间，然后再除以2就得出答案了。"

"我试试！"班主任说完，小强立刻开始了实验，其他同学也好奇地参与了进来。

刚才我们所说的步伐、身高等几把尺子是实实在在，人生来就有的，而在我们身上，其实还带着一些虚的、看不见的尺子，这些尺子都藏在我们的心里，我们用这些尺子来衡量不同的感情，不同的事情的限度。而且这些尺子不是与生俱来的，是人们经历了生活的洗礼慢慢积累而来的。俗话说得好，吃一堑长一智，人们不知道吃了多少亏，受过多少苦，经历了多少事，心中才多了这些尺子。

我们心里的这些尺子，每一把的长度和刻度都是不一样的。心胸宽广的人，心中的尺子就会很长，但是心胸狭窄的人，他心中的尺子就很短了；细心谨慎的人，他心中的尺子上的刻度间的距离就会很多也很宽，粗心大意的人则很少也很窄。也许你要问了，那到底人们心中的那把尺子的长度和刻度应该是长还是短呢，是宽还是窄呢？答案是因人而异的。每个人的经历不同，处事的态度不同，心里的承受能力也不同，得到的经验教训自然也不同，所以，心中的尺子长度和宽度自然也就不一样了。用宽广的心胸去度量人和事，收获的肯定会是快乐；用狭隘的心胸去度量的话，收获的就可能是嫉妒、是烦恼，而不会感到快乐。所以，我们大家都希望自己拥有心胸宽广和细心谨慎的尺子。

八卦和二进制的关系

　　"蜘蛛结网，久雨必晴"这句俗语大家都知道，大家也都知道蜘蛛结的"八卦"形网是既复杂又很美丽的几何图形，但是有关八卦里的数学问题，大家就不太清楚了吧？

　　其实，八卦里的数学问题就是二进制的问题。二进制是现代计算机技术的运算模式，是由德国的哲学家、数学家弗里德·威廉·莱布尼茨首先发明的。而引起莱布尼茨对八卦的兴趣的是他的好朋友布维，一位汉学大师，正是布维向莱布尼茨介绍了在中国文化中有着权威地位的《周易》和八卦系统，引起了他的关注，二进制才应运而生的。

　　"八卦是由八个符号组构成的占卜系统，而这些符号分为连续的与间断的横线两种。这两个后来被称为'阴''阳'的符号"，莱布尼茨认为，这就是他发明的二进制的前身，"这个来自古老中国文化的符号系统与二进制之间的关系实在是太明显了"，他还曾断言，"二进制是具有世界普遍性的、最完美的逻辑语言。"

也有史书记载说引起莱布尼茨对八卦的兴趣的，还有一枚印有八卦符号的硬币。此硬币是当时图灵根大公爵硬币珍藏室一位叫坦泽尔的领导，也是莱布尼茨的好友，他主管的硬币珍藏中有一枚印有八卦符号的硬币，莱布尼茨是受到这枚硬币的启发而发明的二进制。

不管莱布尼茨是如何与八卦扯上关系的，最终的结果是，他在受到"八卦图"的启发和影响下发明了二进制，为人类文明的发展和进步开启了新的历史纪元。因为20世纪第三次科技革命的重要标志之一的计算机的发明与应用，其运算模式正是莱布尼茨发明的二进制。

"二进制"是计算技术中广泛采用的一种数制，二进制数据是用0和1两个数码来表示的数。它的基数为2，进位规则是"逢二进一"，借位规则是"借一当二"。

为什么计算机内部会采用二进制呢？专家解释，"二进制的技术实现比较简单，计算机是由逻辑电路组成，逻辑电路通常只有两个状态，开关的接通与断开，这两种状态正好可以用'1'和'0'来表示。其次是简化运算规则的要求使用的。两个二进制数和、积运算组合各有三种，运算规则简单，有利于简化计算机内部结构，提高运算速度。第三点是适合逻辑运算，逻辑代数是逻辑运算的理论依据，二进制只有两个数码，正好与逻辑代数中的'真'和'假'相吻合。第四点是二进制与十进制数易于互相转换。第五点是用二进制表示数据具有抗干扰能力强、可靠性高等优点。因为每位数据只有高低两个状态，当受到一定程度的干扰时，仍能可靠地分辨出它是高还是低。"

　　但是二进制的使用还是有其缺点的。用二进制表示一个数时，位数多。因此实际使用中多采用送入数字系统前用十进制，送入机器后再转换成二进制数，让数字系统进行运算，运算结束后再将二进制转换为十进制供人们阅读。

　　任何一个技术和发明，不可能是完美的，我们只有去其糟粕，取其精华，才能使之发挥最大的功能为人类服务。

六边形的魅力

　　见过蜜蜂蜂房的朋友们有没有注意到，这些蜂房是严格的六角柱状体，它的开口处是平整的六边形，而底端是封闭的六角菱锥形，是由三个相同的菱形组成的。据专家测算，"组成底盘的菱形的钝角为109度28分，所有的锐角为70度32分，蜂房的巢壁厚0.073毫米，误差极小。"为什么蜜蜂的蜂房要如此设计呢？很简单，就是因为这样的设计既坚固又省料。

　　大家也都见过雪花吧？雪花是什么形状的呢？有六棱柱状的，有树枝状的，有针状的，有冠柱状的……雪花的形状再多，都跟六边形有直接的关系，因为所有形状的雪花其实都从一个六边形冰晶开始的，之后不断地凝结聚集扩张，有的长出"枝杈"，有的则形成各种错综复杂的图案。为什么雪花一开始选择从六边形的冰晶开始"扩张"呢？美国加利福尼亚州理工学院物理学家肯尼思·利伯布莱切特利研究发现，"雪花的生长过程并不稳定，很容易受到'锐化效应'的影响。随着雪晶在零下15摄氏度时生长，一个小脊结构不断在边缘聚集，而后像锋利的刀刃一样伸出，与外部的湿气接触。由于这个六角形结构的角较其他部分伸出的距离距中部更远，能收集更多湿气并以更快的速度生长。"

大自然真是神奇，不管是物种还是自然现象，它们都会选择最优于自己的方式方法使自己更好地存在于这个世界。龟壳上的图案、长颈鹿身上的花纹等也都有六边形的图案。

据凤凰网2013年10月27日报道，20世纪80年代早期，美国宇航局的旅行者探测器在土星北极上空捕捉到一个神秘的六边形图案。最近几年间，卡西尼探测器对这一现象进行了详细的后续观测。这一奇特的气象现象形成的巨大图案足以容纳4个地球。

为什么自然界对六边形如此青睐呢？它究竟凭借什么特性来获得青睐的呢？中科院网站上一篇题为《神奇的六边形》的文章给出了答案："自然对象的形成和生长受到周围空间和材料的影响。正六边形是能够不重叠地铺满一个平面的三种正多边形（正六边形、正方形和正三角形）之一。在这三种正多边形中，六边形以最小量的材料占有最大面积。正六边形的另一特点是它有六条对称轴。因此它可以经过各式各样的旋转而不改变形状。能用最小表面积包围最大容积的球也与六边形相联系。当一些球互相挨着被放入一个箱子中时，每一个被包围的球与另外六个球相切。当我们在这些球之间画出一些经过切点的线段时。外切于球的图形正好是一个正六边形。"

该文章中还指出，"六边形不仅仅存在于我们生存的空间，在外太空同样有这样完美的图形……英国曼彻斯特大学的王立帆发现了巨大到约30光年×90光年的'蜂窝'。它由20个直径约10

光年的气泡组成。王立帆推测，一个由以大约相同速率演化了几千年的大小相似的星组成的星团，产生出非常大的风，使气泡呈六边形结构。"

　　六边形就是如此有魅力，以其特有的性质和方式存在于自然界的每一个角落。于是就有人推断六边形在所有形状当中，是能量最低，却是最完美、最稳定的形状。真的是这样的吗？时间和不断涌现出的优秀的科学家、数学家将会告诉我们，我们拭目以待。

球体和球状

　　球体，在"数学"学科中是这样定义的："半圆以它的直径为旋转轴，旋转所成的曲面叫作球面，球面所围成的几何体叫作球体。"《现代汉语词典》第6版的解释就简单一些，易于理解，即"球面所围成的立体"。球体是一种立体结构，占有空间的是三维的，它与圆形不是一个概念。圆形是个面，不占空间，且是二维的。

　　据中国日报网2013年10月15日报道，由英国雕刻家卡普尔和日本著名建筑设计师矶崎新共同打造的一座名为"新方舟"的充气音乐厅，是全球首座充气音乐厅，位于日本宫城县松岛镇公园内，全部展开后有18米高，35米宽，可容纳500名观众。整个音乐厅是用涂层聚酯材料制成的巨大紫色充气球，可以说是"紫色球体打造梦幻剧场"。

　　据悉，充气音乐厅很容易收起来，能到日本东北地区的不同地点举办活动。这应该就是将这个音乐厅设计成球体的最大原因之一吧。能移动，能带走，且又能保持原状的美态，如此简便的设计，必定会备受青睐，说不定之后会陆续有音乐厅效仿此做法。

中国民航网报道，2013年10月9日，桂林机场公安分局在机场候机楼、停机坪、生活区及路面交通主干道等区域新增13台360度可旋转球体机，完善机场监控网络，扩大视频监控范围，进一步强化机场治安技术防控能力，逐步形成"网巡"与"路巡"相结合的互动机制，将有效地预防突发事件，打击犯罪，维护机场治安和稳定。

一个又一个的事例证明了球体备受高科技的青睐，其在大自然中也有广泛的"表现"，不过大多数都是以"球状"出现。

说到球状，大家自然会想到至今人们仍不能解释的奇怪自然现象——球状闪电。尽管它的名称中有"球状"二字，但是它的形状不限于球状，还有扁长方形、立方体、圆柱形、子弹形、锥形等。科学家推测，"球状闪电是一种气体的漩涡产生于闪电通路的急转弯处，是一团带有高电荷的气体混合物，主要由氧、氮、氢以及少量的氧化氢组成。通常发生在枝状闪电之后，似乎枝状闪电是产生球状闪电的必要条件。"由于球状闪电非常罕见，所以现存的对它的研究材料不是很多，它对自然界来说，是一个超大的谜团，还没有专家能将其解释清楚，只知道它是一种危害较大的闪电，人们要尽量避免在雷雨天气被雷电击中而造成人员伤亡和经济损失。

清晨的树叶，大家仔细观察就会发现，它上面承载的露珠是呈球形的。为什么会这样呢？

大家摸一摸树叶的叶面，是否感觉到其表面似乎涂有一层蜡啊，摸起来滑溜溜的。没错，树叶上确实有一层蜡，其表面的张力促使露珠以最小的表面积状态存在。在各种物体当中，体积相同的，只有球体的表面积是最小的，所以露珠总是呈球形存在的。

可是又有人提出疑问了，既然树叶上的露珠是球形的，为什么又不是纯圆形的呢？大家可不要忽略一个重大的问题，那就是地球引力。受到地球引力的影响，质量越小的露珠，其形状就越接近球形，质量越大的，会因重力大于表面的张力而呈扁平形。

被俗称为"血百合"的火球花，可能大家不太熟悉，它的原产地是热带非洲，在我国的台湾被广泛种植。据360百科介绍，其为多年生草本，扁球形地下鳞茎，通常开花时不长叶，谢后新叶才长出，伞形花序由30～90朵小花组成，呈圆球形，径约15厘米。

植物界长得像球形的植物远远不止火球花，已知的、未知的，数不胜数，为什么这些植物都选择长成球形呢？这个问题有待专家们去深究，想必应该会跟球体的性质有关吧！

斐波那契数列

　　大家都见过向日葵吧？向日葵的花盘虽然有大有小，看起来似乎没一个花盘会是一模一样的，可是，花盘里装的种子的排列方式却是一样的，且是一种典型的数学模式。

　　向日葵的花盘上有两组螺旋线，一组是顺时针方向盘绕，一组是逆时针方向盘绕，两组交叉相连。不同的向日葵品种，其种子排列的顺时针、逆时针和螺旋线的数量是不尽相同的，但绝对不会超过34和55、55和89、89和144这三组数字。这三组数字就是斐波那契数列中相邻的两个数，前一个数字表示的是顺时针盘绕的线数，后一个数表示的是逆时针盘绕的线数。很奇妙吧？为什么向日葵的种子会选择排列成这个样子呢？

　　1979年，英国科学家沃格尔做了一个实验。他用大小相同的许多圆点代表向日葵花盘中的种子，根据斐波那契数列的排列规则，尽可能紧密地将这些圆点挤压在一起。他用计算机模拟向葵的结果显示，若发散角小于137.5°，那么花盘上就会出现间隙，且只能看到一组螺旋线；若发散角大于137.5°，花盘上也会出现间隙，而此时又会看到另一组螺旋线；只有当发散角等于黄金角时，花盘上才呈现彼此紧密镶合的两组螺旋线。

这说明，向日葵的种子之所以如此排列，是因为它们只有选择这种数学模式，花盘上种子的分布才最为有效，花盘也变得最结实，产生后代的概率也最高。一句话，这样的布局能使植物的生长疏密得当、最充分地吸收阳光和空气，也会使花盘变得最坚固、最壮实，不易被风吹倒。所以我们看到的向日葵，总是迎着太阳、迎着风傲然挺立着。

除了向日葵之外，大自然中还有很多植物的花瓣、萼片、果实的数目以及排列的方式都非常符合斐波那契数列。如头部几乎呈球状的蓟，有两条不同方向的螺旋，顺时针旋转的螺旋一共有13条，而逆时针旋转的则有21条；球果类植物松柏，松果上分别有8条向左和5条向右或8条向左和13条向右的螺旋线……物质显示出斐波那契数列特征，是它们在大自然中长期适应环境和进化发展的结果。

意大利数学家列昂纳多·斐波那契在其1202年出版的《算经》里提出了这样一个问题。兔子在出生两个月后才有繁殖能力，且一对兔子每个月能生一对小兔子。假设所有的兔子都不死的话，那么一年以后，这些兔子一共能繁殖出多少对兔子呢？

斐波那契是这样推算的，第一个月兔子没繁殖能力，还是1对；第二个月生下1对，那么就有2对小兔子了；到了第三个月，最先的那对兔子又生了1对，不过第二个月生下的那对小兔子还没有繁殖能力，那么此时一共有3对兔子；到了第4个月，新老兔子各生1对小兔子，那么就共有5对兔子了，以此类推，得出一个数列：1，1，2，3，5，8，13，21，34，55，89，144，233……大家仔细看看，这个数列，从第三项开始，是不是每一项都等于前两项之和啊？没错，这就是著名的斐波那契数列，因其通过研究兔子繁殖的例子总结出的，故又被称为"兔子数列"。

为什么植物界中有那么多的植物都跟斐波那契数列有关呢？为什么有一些又跟它无关呢？造成这些植物不同的选择的原因是什么呢？仅仅是对环境的适应的结果和长期以来进化发展的结果吗？大自然真是太奇妙了，目前我们对它的了解还有待进一步研究，藏在它身上还有许许多多的奥秘需要我们深入研究并解答。

摆线——迷人的曲线

浩瀚无垠的大海，湛蓝的海水，被狂风卷成浪，一道道不断涌向海边，撞击在岩石上，喷溅着雪白的泡沫，发出震耳欲聋的吼声，就像冲锋的队伍，一路狂奔向前，汹涌着、鼓噪着、呐喊着……

一浪接着一浪，滚滚而来，又滚滚而去，再滚滚而来……

大家知道吗？海浪是由摆线和正弦曲线组成的，海洋里的波浪一直在运动着，它有着各种各样的形状和大小，时而强烈难以控制，时而又平静柔和，看似并无规律可言，但是其实这些看似汹涌，却又美丽的海浪，它们的每一次"冲锋行动"，都是由数学原则——摆线、正弦曲线和统计学所控制的。

摆线，一个圆沿一条直线运动时，圆边界上一定点所形成的轨迹。定直线称为基线，动圆称为母圆，该定点称为摆点。它是数学中众多的迷人曲线之一。

摆线之所以迷人，是因为它有着4点迷人的性质：一是它的长度等于旋转圆直径的4倍，而更令人们惊讶和感兴趣的是，它的长度并不是一个依赖 π 的有理数。大家都知道，圆跟 π 的关系是那么密切，摆线是圆直线运动的轨迹，与圆有着直接的关系，但是研究表明，它却跟 π 没有关系，这不是很令人惊讶吗？二是在弧线下的面积，是旋转的圆面积的3倍。三是圆上描出摆线的那个点，即摆点，它具有不同的速度——事实上，在特定的地方它甚至是静止的。四是当弹子从一个摆线形状的容器的不同点放开时，它们会同时到达底部。

很神奇吧？正是它的这些迷人的性质，决定了它能够为人类科技的进步和发展更好地服务。摆线针轮减速机是一种应用行星式传动原理，采用摆线针齿啮合的新颖传动装置，分为三部分：输入部分、减速部分和输出部分。在输入轴上装有一个错位180°的双偏心套，在偏心套上装有两个称为转臂的滚柱轴承，形成H机构、两个摆线轮的中心孔即为偏心套上转臂轴承的滚道，并由摆线轮与针齿轮上一组环形排列的针齿相啮合，以组成齿差为一齿的内啮合减速机构，为了减小摩擦，在速比小的减速机中，针齿上带有针齿套。因其独特的平稳结构在许多情况下可替代普通圆柱齿轮减速机及蜗轮蜗杆减速机，所以在各个行业和领域被广泛使用，如广泛应用于石油、环保、化工、输送、制药、食品、印刷、冶金、建筑、发电等行业。

除了摆线针轮减速机外，还有很多机械都利用摆线的性质来设计，如BB-B型摆线齿轮泵，它是一种容积式内啮合齿轮泵，其内齿轮（即外转子）为圆弧齿形，外齿轮（即内转子）为短幅外摆线的新型齿轮泵。

摆线不仅广泛应用于各种器械的研发和使用上，在我们的日常生活中也随处可见，如沿平直路面做匀速直线运动的各种车辆，其轮缘上任意一点相对地面运动形成的轨迹，也都是摆线。

红木树里藏着的数学概念
——螺旋线

　　大自然应该是懂数学的，不然为什么一些数学概念，如同心圆、同心圆柱、平行线、螺旋线以及概率等，能在活在地球上最古老的一种红木树上找到呢？

　　"看一看红木树的树皮，人们注意到在它的生长图案中有一些轻微的旋动。这是一个在增大的螺线。它是由于地球的自转以及稠密森林中微弱阳光对红木树生长方式的影响两者造成的。"上海教育出版社出版的《数学趣闻集锦》书中的这段话，为我们带出了藏在红木树里的数学概念——螺旋线。它包括平面螺旋线、对数螺旋线和阿基米德螺线，其中，阿基米德螺线也算是平面螺旋线的一种。

　　我们每个人的头上都会有一个小旋涡，这个就叫作"发旋"。发旋是长在体表的毛发的旋转，能使毛发顺着一定的方向生长。我们的头发是从头皮毛囊中斜着生长出来的，循着发旋的一定方向生长，有向左生长的，有向右生长的。这是螺旋线在我们人体毛发上的一个应用。为什么要长成螺旋线的形状呢？对于人类和动物来说，毛旋具有保护自身适应环境的作用。例如，雨水打湿了我们的头发，水就会沿着毛旋流出，避免渗入我们的头皮内，保护我们的头部。

螺旋线被广泛应用于机械领域，如螺杆、螺帽、螺钉和螺丝扣等；也被广泛应用于建筑领域，如意大利比萨斜塔的楼梯，被称为"世界七大奇观之一"，其采用的设计就是294阶的螺旋线。美国加州有一栋13层高的螺旋状排列的大楼，设计师就是根据螺旋线的原理来设计的，这种设计方案使每个房间都能得到充足的阳光。

在螺旋线中，阿基米德螺线是人们较为熟知，且随处可见的。阿基米德螺线是指"当平面内的一动点沿一直线做等速运动，同时该直线又绕线上一点做等速回转运动，这一动点的轨迹"。唱片的音槽、钟表里的发条等都是呈阿基米德螺线状的。阿基米德螺线还可以用来把等速的圆周运动转化为等速的直线运动。它是如何做到的呢？即将两段等速螺线拼成的一个"心形"的装置安放在一个圆盘上，当圆盘等速旋转时，"心形"装置则将等速的圆周运动转化为等速的直线运动。我们再来看看一些喷淋冷却塔，它们所用的螺旋喷嘴喷出的喷淋液的运动轨迹也是阿基米德螺线。

螺旋线依据"交替原则"，就可引申出顺时针及逆时针的对数螺旋线。对数螺旋线也叫等角螺旋线，它是一种在自然界中经常出现的曲线，但又是常见形状中一种非常特殊的几何形状。

从严格的数学观点来看，一个螺旋在平面上是一个曲线，其极半径为其极角的递增或递减函数，它具有特殊的性质，如以恒定角度与半径相交，这个角度与其连续方根相符。尽管对数螺旋线是增量曲线，但其增量遵守着不变的法则，我们也可以把它看作一个翻转在两端无限延伸的圆锥的投影。正是由于它具有这些看似平常但实则非常特殊的性质，使得它在自然界，尤其是生物界也非常之常见。普通的蜗牛的壳就是依照对数螺线来构造的。

对数螺旋线还因其具有良好的几何、数学、力学及美学性质而在计算几何、工业造型、天文及气象研究、动植物研究等现代学科中得到广泛的应用。